新装改版

微分・積分30講

朝倉書店

は　し　が　き

内外の一流の数学者の手になる「解析概論」や「解析教程」から，毎年新しく出版される大学の微積分の教科書，それに高等学校の微積分の参考書，一般向けの解説書などを加えると，微積分に関する書物は，実に多種多様で，その数は厖大な量に達する．

このような現象は，一方では，科学技術の急速な発展の中にある現代社会において，微積分という学問が一種の教養として強く求められていることを物語っているのであろうが，他方では，日常生活からかけ離れた微積分に，一般の人がなかなかなじみにくいという，ある絶えざるいらだちを示しているともいえるだろう．

はじめて微積を学ぶ人にも，また以前習ったことはあるが細かいところは忘れてしまったという人にも，微積を勉強する際，近づきやすく，役に立つ適当な本とはどのようなものであろうか．本書執筆の動機は，この解答を私なりに模索してみることから始まった．

私は数学を専門としているから，かえってこの解答を数学の中から見つけるのは難しい．専門家の眼は狭いのである．私自身，他の分野を学んでみようとした経験があって，数年前，生物学の本を少し読んでみたことがあった．そのときは，少し読み進むにつれて現われてくるごく簡単な化学式や生物の術語がわからなくなり，すぐに挫折してしまった．このとき，基本的なことまで含んで書いてある本は，実に少ないことに気がついた．高等学校の教科書は，一般にはよくできているが，通読に適しているとはいいがたい．参考書は問題の解法が主であるし，通俗的な解説書は，明確な定義に欠けているか，または定義の適用範囲がはっきりしないことが多い．

そのような経験に照らして，改めて本屋さんに並んでいる微積分の本を見てみると，初学者にはかなり難しいものが多いし，また，苦心して書かれたやさしい解説書のあとに続く適当な本が乏しいことにも気がついた．

この本は，微積分の解説書ではない．微積分という，日常使いなれない新しい言語になれ親しませるための，いわば初学者向けの語学の入門書のようなものである．もし，この本の特徴はと聞かれれば，一方では，微積分の流れを重んじながら，最も基本的な所から筆を起した点にあり，他方では 30 講と分けることによって，それぞれの講義に，多少中項目的な辞書の役目を果させた点にある．通読して頂くことが望ましいが，いくつかの講を拾って読むという読み方も可能である．

もともと，項目を 30 講と分けたのは，毎日，1 講ずつ読み進めば，1 ケ月で微積分の入門部分が，ひとまず，マスターできることを意図している．

いずれにしても，本書は，微積分を学ぶ最初の手がかりを与える本である．さらに進んだ内容を学びたい人は，この本を読み上げたあとには，多くの良書が待ちうけているだろう．

終りに，本書の出版に際し，いろいろとお世話になった朝倉書店の方々に，心からお礼申し上げます．

1988 年 2 月

著　　　者

目　　　次

第 1 講

数と数直線

テーマ
- ◆ 自然数：$1, 2, 3, \ldots$
- ◆ 整数：$\ldots, -3, -2, -1, 0, 1, 2, 3, \ldots$
- ◆ 有理数：$\frac{n}{m}$ (m, n は整数，ただし $m \neq 0$)
- ◆ 有理数は，直線上に規準点 $0, 1$ をとると，この直線上の点によって表わすことができる．

自 然 数

自然数の話から出発しよう．$1, 2, 3, 4, \ldots$ という日常よく使われる数を，数学では自然数という．1 の次には 2，2 の次には $3, \ldots, 100$ の次には 101 というように，自然数にはいつでも次にくる数があって，そのことが，全体として，どこまでも続く自然数の系列をつくり上げている．この限りなく続く系列を 1 つのまとまったものと考えて

$$\{1, 2, 3, \ldots, n, \ldots\}$$

のように表わし，自然数の集合という．

ここで n とかいたのは，これによってある自然数を代表して表わしていると考えているのである．n の次には $n+1$ がくる．n から 8 だけ進んだところにある数は $n+8$ である．

2 つの自然数は，たとえば $5+21=26$ のように，いつでも加えることができる．しかし引き算はできるときと，できないときがある．100 から 20 は引くことができて答は 80 であるが，自然数しか知らない人には，20 から 100 は引くことができない．

整　　数

引き算がいつでも自由にできるようにするためには，数の範囲を自然数から整数にまで広げておく必要がある．整数は，自然数 $1, 2, 3, \ldots$ と，0 と，自然数にマイナス記号をつけた $-1, -2, -3, \ldots$ から成り立っている．整数の集合を

$$\{\ldots, -3, -2, -1, 0, 1, 2, 3, \ldots\}$$

のように表わす．このように表わしたとき，0 を境にして右側にある数 $1, 2, 3, \ldots$ を正の数，左にある数 $-1, -2, -3, \ldots$ を負の数という．

整数の中で，2つの数の引き算は，たとえば

$$3 - 5 = -(5 - 3) = -2$$
$$-6 - 8 = -(6 + 8) = -14$$

のようにいつでもできる．

2つの整数を掛けることもできる．たとえば

$$2 \times 8 = 16, \quad -3 \times 7 = -21, \quad (-6) \times (-5) = 30$$

この最後の例のように，負の数と負の数を掛けると正の数になるということに，何かなじめない感じをもっている人がいるかもしれない．このことについては，この講の終りの Tea Time で触れることにしよう．

ある整数を，別の0でない整数で割ってみると，割りきれるときもあるし，割りきれないときもある．たとえば

$$100 \div 20 = 5 \qquad (\text{割りきれる})$$
$$(-100) \div 20 = -5 \qquad (\text{割りきれる})$$
$$100 \div 30 \quad 3\text{余り}\ 10 \qquad (\text{割りきれない})$$
$$2 \div 5 \qquad (\text{割りきれない})$$

このことは，整数の中だけでは割り算が自由に行なえないことを示している．

有　理　数

割り算が自由に行なえるようにするためには，数の範囲を，整数からさらに有理数へと広げておくことが必要になる．有理数とは分数 $\dfrac{n}{m}$ と表わされる数のことである．ここで m, n は整数で，ただし m は 0 ではないとする．たとえば

$$-\frac{3}{2},\ -\frac{2}{100}\left(=-\frac{1}{50}\right),$$

$$\frac{3}{23},\ \frac{7}{6},\ \frac{93}{4}$$

などはすべて有理数である．整数 -7 や 8 は $\frac{-7}{1}$, $\frac{8}{1}$ と表わされるから，このことから，整数は有理数とも考えられることがわかる．

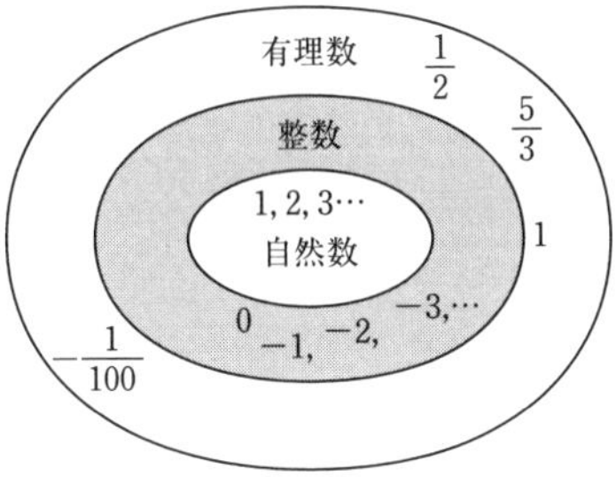

図 1

p と q を有理数とすると

$$p=\frac{n}{m},\quad q=\frac{n'}{m'}$$

と表わされる．このとき

$$和：\quad p+q=\frac{n}{m}+\frac{n'}{m'}=\frac{nm'+mn'}{mm'}$$

$$差：\quad p-q=\frac{n}{m}-\frac{n'}{m'}=\frac{nm'-mn'}{mm'}$$

$$積：\quad p\times q=\frac{n}{m}\times\frac{n'}{m'}=\frac{nn'}{mm'}$$

$$商：\quad p\div q=\frac{n}{m}\div\frac{n'}{m'}=\frac{nm'}{mn'}$$

となり，和，差，積，商をとった結果は，上の右辺からわかるように，すべて有理数である．このことを

有理数の全体は四則演算に関して閉じている．

といい表わす．

なお，上の式の右辺で mm' のように書いたのは，$m\times m'$ のことである．積の記号 $\times$ は，このように省略してしまうか，または $m\cdot m'$ のように書くことが多い．

整数の全体は，一列に並べることができたが，有理数の全体はそのようにすることができない．有理数は大小関係によって一列に並べて，小さい方から大きい方へと１つ１つ数えていくようなことはできないのである．たとえば０と１の間の有理数をとって，このように規則正しく一列に並べようと思っても

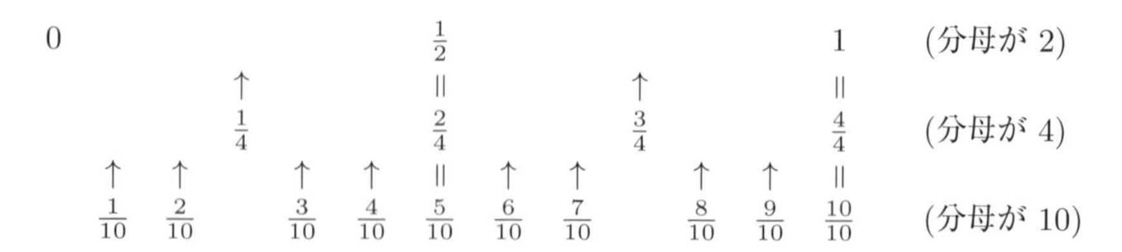

のように，分母が大きな有理数が，いつまでも‘割りこみ’を続けてきて，きりがないからである．

数　直　線

有理数を表わすには，数直線というものを用意しておいた方がよい．

数直線とは，直線上に規準となる0と1の目盛りをつけて (1の目盛りは，ふつうは0の右の方にとる)，あとは，物差しのように，右の方向に等間隔に 2, 3, 4, ... と目盛りをつけ，0から左の方に等間隔に -1, -2, -3, ... と目盛りをつけたものである．

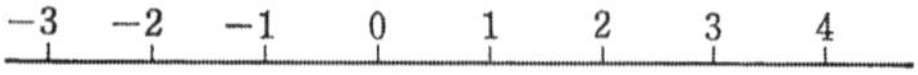

−3　−2　−1　0　1　2　3　4

図 2

こうしておくと，たとえば有理数 $\frac{4}{7}$ をどこに目盛りをつけたらよいかも決まってくる．$\frac{4}{7}$ は，0と1の間を7等分して，左から数えて4番目の分点である．$-\frac{6}{5}$ の目盛りは，$\frac{1}{5}$ の長さで，0の左へ目盛りを入れていったとき，ちょうど6番目にくる点につけられている．

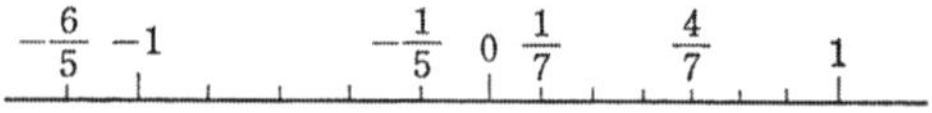

$-\frac{6}{5}$　-1　$-\frac{1}{5}$　0　$\frac{1}{7}$　$\frac{4}{7}$　1

図 3

問 1　数直線上で $\frac{2}{7}, \frac{8}{21}, \frac{9}{35}, \frac{19}{70}$ はどのような順序で並んでいるか．

問 2　数直線上で $-\frac{3}{5}$ と $-\frac{4}{7}$ はどちらが右にあるか．

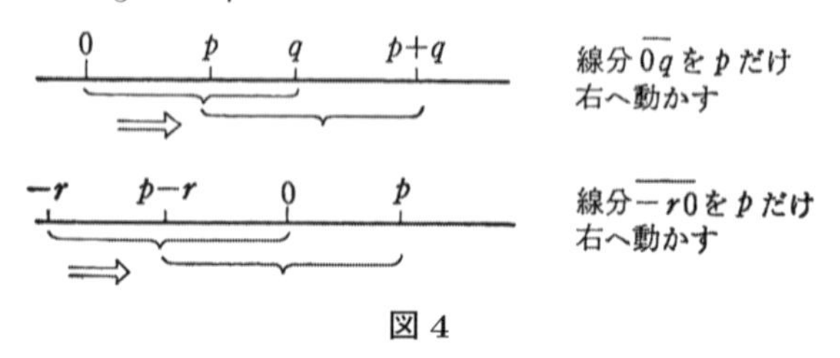

図 4

問 3　数直線上で，2 つの数の和と差を表わす点は，前ページの図のように表わされることを確かめよ．

Tea Time

自然数の集合は無限集合

私達が日常出会うもの，たとえば，かごに盛られているリンゴも，本箱に入っている本も，すべて有限個のものから成り立っている．また実際に数え上げることはできないとしても，海の砂の数にも限りがある．なぜなら砂の一粒，一粒は空間にある体積を占め，その占める体積全体の総和は，地球の体積を越えることができないからである．

私達が経験世界で確認できるものは，すべて有限集合をつくっている．それに反し自然数全体の集合

$$\{1, 2, 3, \ldots, n, \ldots\}$$

は無限集合をつくっている．私達の認識の中には，このような無限集合も，1 つのまとまったものとして認める力が備わっているようである．私達はふつうは，このことをごく自然のことと考えている．しかし，数学という学問を創り出した古代ギリシャの人の間には，'無限への畏怖' の感じが強く支配していたといわれている．

有限集合と無限集合の 1 つの違いを述べておこう．10 個のリンゴと，その半分を取り出した 5 個のリンゴとを比べると，もちろん 10 個の方が多い．有限集合では，このように，「全体は部分より大きい」は疑う余地のないところである．しかし自然数全体と，その一部分である偶数全体の集合を比べてみると

$$\begin{array}{cccccccc} \{1, & 2, & 3, & 4, & \ldots, & n, & \ldots\} \\ \updownarrow & \updownarrow & \updownarrow & \updownarrow & & \updownarrow & \\ \{2, & 4, & 6, & 8, & \ldots, & 2n, & \ldots\} \end{array}$$

のように，自然数全体が偶数全体と 1 対 1 に対応してしまって，「全体は部分より大きい」はもう成り立たなくなっている．いい換えれば，偶数全体は，自然数全体と同じだけの元をもっているといってもよいことになり，これは無限集合のもつ非常に特徴的な性質を表わしている．

$(-1) \times (-1) = 1$

負の数と負の数を掛けると正の数になるということは，ひとまず理屈の上では

わかったつもりでも，なかなか納得した気持にはなれない．負の数を掛けるということは，正の数を掛けるということとは多少意味が違っている．-1 を掛けるということは，正の方向を負の方向に，負の方向を正の方向に変えることである．

このことをもう少し正確に述べるために数直線を用いる．数直線上で，右へ進む方向を正の向き (すなわち，目盛りの増加する方向)，左へ進む方向を負の向きという．0を中心にして考えると，正の数は正の向きを指し示しているし，負の数は負の向きを指し示している．-1 を掛けるということは，0を中心にしてこの向きを逆にすることであると考える．そうすると $(-1)\times(-1)=1$ は，向きを2度逆にすると，元に戻るということを示している．したがってまた

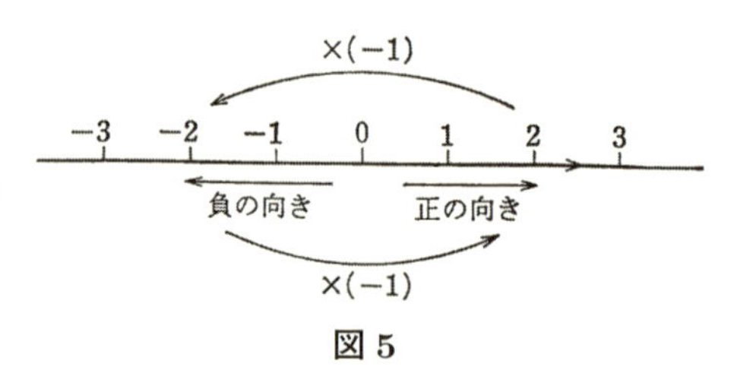

図 5

$$(-2)\times(-5)=(-1)\times 2\times(-1)\times 5=(-1)\times(-1)\times 2\times 5=10$$

質問　自然数，整数，有理数と数の範囲を広げてきましたが，数の範囲を広げることはこれで終りでしょうか？

答　微積分の話をするためには，さらに実数まで数の範囲を広げる必要がある．しかし有理数では，四則演算は自由にできるのだから，自然数から有理数まで数の範囲を広げてきたような考えで，もう有理数を広げるわけにはいかない．どのような考えに立って，有理数の範囲をさらに広げて実数という新しい数の範囲に到達するか，それは次の講の主題である．

第2講

数直線と実数

テーマ

◆ 分数と小数：循環する無限小数
◆ 無理数
◆ 実数と数直線：実数は数直線上に表現される.
◆ 有理数から実数へと数の範囲を広げる必要性はどこにあったか.

分数と小数

有理数は，分数として表わされる数であった．分数はまた小数展開して表わすこともできる.

【例】

$$\frac{3}{4}=0.75,\qquad \frac{1}{3}=0.3333\cdots$$

$$\frac{23}{5}=4.6,\qquad \frac{17}{7}=2.428571428\cdots$$

$$-\frac{3}{8}=-0.375,\quad -\frac{1}{6}=-0.16666\cdots$$

この例で左側の分数は有限小数で表わされているが，右側の分数は無限小数で表わされている．分数を小数で表わしたとき，右側のように無限小数となるとき，この無限小数は，ある所から先‘竹のふし’のようなものが出て，これが繰り返されるという性質がある．$\frac{1}{3}$ では，小数点第1位の3が‘竹のふし’で，この3がどこまでも繰り返されている．$-\frac{1}{6}$ では，小数点2位の6が‘竹のふし’でこの6がどこまでも繰り返されている．$\frac{17}{7}$ では，実は

$$\frac{17}{7}=2.\,\overset{\frown}{428571}\ \overset{\frown}{428571}\ \overset{\frown}{428571}\cdots$$

となって，428571が1つの‘竹のふし’となっている．このような無限小数を循環小数という.

分数が無限小数として表わされるとき，なぜこのように循環するかについて触れておく．たとえば $\frac{5}{13}$ の割り算を次から次へと行なってみると，余りが $11, 6, 8, 2, 7, 5$ と出て，ここでまた最初の 5 を 13 で割る状況が生じてくる．これから先は，$11, 6, 8, 2, 7, 5$ と余りが出る状況が繰り返される．そのため割った結果も繰り返されて，結局

$$\frac{5}{13} = 0.\overset{\frown}{384615}\,\overset{\frown}{384615}\,\overset{\frown}{384615}\cdots$$

と循環する．ここで見るように，13 で割ったとき余りに出る数は，0 (割りきれるとき)，$1, 2, \ldots, 12$ だけだから，割りきれるか，多くとも 12 回割っていくと，前に一度出た余りと同じ数が余りとして出て，そこから循環が始まるのである．‘竹のふし’とかいたのは，数学では循環節とよばれている．

ここで証明はしないが，循環する無限小数は，逆に，必ず分数として表わされることが知られている．したがって

有理数は，有限小数か，循環する無限小数で表わされる数である．

といってもよいことになった．

無　理　数

$$\sqrt{2} = 1.4142135\cdots$$
$$\sqrt{3} = 1.7320508\cdots$$
$$\sqrt{5} = 2.2360679\cdots$$

などは，無限小数であるが，けっして循環しないことが知られている．したがってこれらは有理数ではない．循環しない無限小数として表わされる数を無理数という．

有理数と無理数を合わせて実数という．したがって実数は，有限小数または無限小数として表わされる数である．

$$\text{実数}\begin{cases}\text{有理数}\cdots\begin{cases}\text{有限小数}\\ \text{循環する無限小数}\end{cases}\\ \text{無理数}\cdots\text{循環しない無限小数}\end{cases}$$

実数と数直線

前講で，有理数を，数直線上の点として表わしたが，実数もこの数直線上の点として表わしておきたい．たとえば $\sqrt{2} = 1.4142\cdots$ は，直線上のどのような点

を表わしていると考えたらよいだろうか．

$\sqrt{2}$ の無限小数展開に対応して，数直線上で，目盛りが 1 の点を P_0，目盛りが 1.4 の点を P_1，目盛りが 1.41 の点を P_2，目盛りが 1.414 の点を $\mathrm{P}_3, \ldots$ とする．$\mathrm{P}_1, \mathrm{P}_2, \mathrm{P}_3, \ldots$ の目盛りは有理数だから，これらの点を目盛る場所は決まっている．どこまでも続くこの点列 $\mathrm{P}_1, \mathrm{P}_2, \mathrm{P}_3, \ldots, \mathrm{P}_n, \ldots$ は先に進むにしたがって，どんどん近づき合ってきて，数直線上で，しだいにある点に近づいていくような様子を示すようになる．この点列が数直線上で近づく究極の点が，$\sqrt{2}$ を表わす点である．

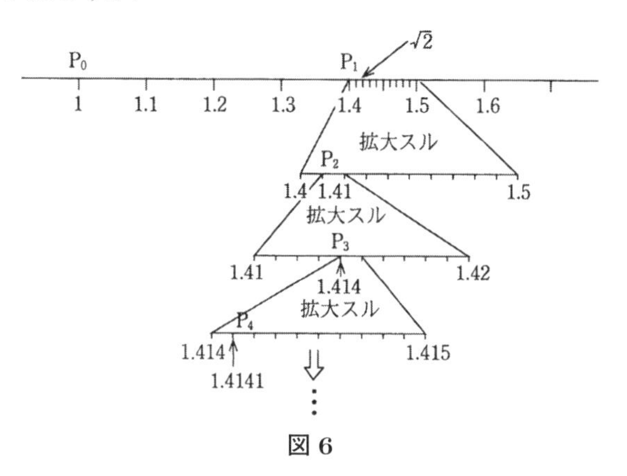

図 6

無限小数が 1 つ与えられると，この無限小数展開の小数点以下 1 位まで，2 位まで，…，n 位まで，…ととって得られる有理数を表わす点列

$$\mathrm{P}_1, \mathrm{P}_2, \mathrm{P}_3, \ldots, \mathrm{P}_n, \ldots$$

が決まってくる．この点列の近づく先の点が，与えられた無理数を表わす点であると考える．

規準点として，0 と 1 をとった直線上に，このようにして，すべての実数を表わす点が決まってくる．逆に，0 と 1 を規準点にとった直線上の点には，ただ 1 つの実数が対応していると考えることにする．

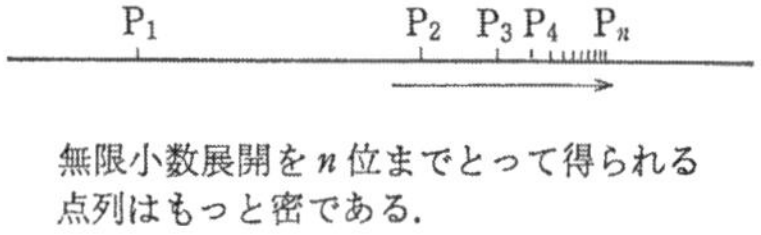

P_1 P_2 P_3 P_4 P_n

無限小数展開を n 位までとって得られる点列はもっと密である．

図 7

このようにして，すべての点に，ただ 1 つの実数が対応していると考えた直線をこれからは数直線ということにする．

数直線上の点 P が実数 a を目盛りとしてもつとき，点 P の座標は a であるといい，$\mathrm{P}(a)$ で表わす．

有理数から実数へ

有理数は四則演算で閉じていた．有理数から実数へ数の世界を広げる本当の必要性は何だったのだろうか．数直線上で，数を表わしたとき，もし有理数しか知らない人がいたとすれば，上に述べた $\sqrt{2}$ に近づく点列 $P_1, P_2, \ldots, P_n, \ldots$ は，この点列は何かに近づくように見えるが，実は近づく先はどこにもないのだということになるだろう（$\sqrt{2}$ は無理数だから！）．‘近づくはずの点列’が，‘近づく先をもたない’という妙なことが起きることになる．私達の時間とか空間とかからくるごく自然の認識の中でも，近づく先は必ずある，と思っている．有理数から実数まで数の範囲を広げておかないと，数の世界の中でこの確かと思われる認識の保証は得られなかったのである．

‘近づくはずの点列’といういい方は，はっきりしないかもしれない．数直線上に点列 $P_1, P_2, \ldots, P_n, \ldots$ があって，これが‘近づくはずの点列’であるとは，どんなに目盛りを細かくつけても，たとえば10万分の1の目盛りをつけておいても，この点列の十分先からは，すべての点がこの1つの目盛りと次の目盛り（いまの場合なら，10万分の1の長さ）の中に，すべて収まってしまっている状況をいっている（先へ行くほど密集の度合いが進む！）．

数学の用語では，‘近づくはずの点列’のことを，コーシー列という．この用語を使えば実数は，すべてのコーシー列がある点に近づくことを保証する数の世界である．

問1　円周率 π $(= 3.14159\cdots)$ を座標にもつ点は，数直線上のどのあたりにあるか．

問2　数直線上の2点P, Qが座標 a, b をもつとする．このとき，PとQの中点の座標は $\frac{a+b}{2}$ であることを示せ．

問3　$0.9999\cdots$ が数直線上でどのような点で表わされるかを考えて，それによって

$$0.9999\cdots = 1$$

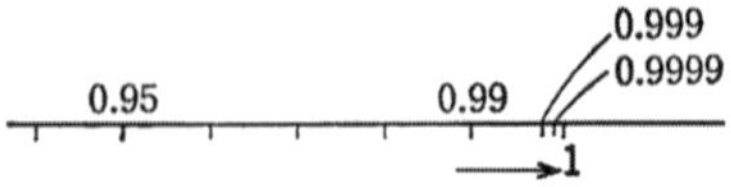

を示せ．同様の考えで

$$5.36 = 5.359999\cdots$$

が成り立つことを確かめよ．

（注：このようなことから，有限小数は，実はある所から9の並ぶ循環する無限小数によってもかき表わされることがわかるだろう）

0.95　0.99　0.999　0.9999　1

図8

$\sqrt{2}$, $\sqrt{3}$, $\sqrt{5}$ などは，有理数でない

一般に，$2, 3, 5, 7, 11, 13, \ldots$ のような素数 p (1 と自分自身以外には約数のない数) に対して，$\sqrt{p}$ は有理数でないことを示しておこう．それにはまず次のことを注意しておく．

2 つの整数 a, b の積 $a \cdot b$ が p で割りきれれば，a か b かは p で割りきれる．

なぜなら，p はこれ以上分解できないから，a と b にまたがってわかれることはできないからである (これをさらに厳密に示そうとするならば，a と b を素因数分解して示す)．

とくに $a^2 = a \cdot a$ が p で割りきれれば，a が p で割りきれる．

さて，$\sqrt{p}$ が有理数であり，$\frac{n}{m}$ と分数で表わされたとする．分数は約分しておいて，m と n には共通の因数はないとしておく．

$$\sqrt{p} = \frac{n}{m}$$

を 2 乗して

$$p = \frac{n^2}{m^2}, \quad \text{すなわち } pm^2 = n^2$$

したがって n^2 は p で割りきれるから，上の注意により n も p で割りきれることになる．$n = pn'$ とおく．$pm^2 = (pn')^2 = p^2n'^2$，ゆえに $m^2 = pn'^2$．したがって，再び上の注意から，m が p で割りきれることになる．これは，m と n に共通の因数がなかったとしたことに矛盾する (背理法！)．

とくに，$\sqrt{p}$ は，無限小数展開をすると，この小数はけっして循環しないことが結論される．

質問　問 2 から数直線上で，2 点 P, Q の座標が有理数ならば，P, Q の中点 R も，有理数を座標にもっているはずです．このことから，有理数を座標にもつ点は，数直線上にすき間がないように，いっぱいつまっていると思いますが，どうしてここに無理数 $\sqrt{2}$，$\sqrt{3}$，$\sqrt{5}$，$\ldots$ を表わすような点が入るのでしょう．

答　実際は $\frac{n}{m} \times \sqrt{p}$ (p は素数) のような数は無理数で，有理数 $\frac{n}{m}$ はいっぱいあ

るのだから，無理数を表わす点も，数直線上に，すき間がないように，いっぱいつまっている．有理数を表わす点と，無理数を表わす点が，お互いにまじり合って，数直線上に入っている状況は，ちょうど水の中に酸素原子と水素原子がまじり合って入っているようなものだと思うとよい．ただし，点には大きさがないので，原子模型のようなものをつくることができず，誰も，数直線上での点の配列の様子を思い描くことができないのである．

第 3 講

座標と直線の式

テーマ

- ◆ 座標平面，x 座標，y 座標
- ◆ 座標の平行移動，座標変換の公式
- ◆ 原点を通る直線の式：$y = mx$
- ◆ 点 $\mathrm{A}(\alpha, \beta)$ を通る，傾き m の直線の式：$y = m(x - \alpha) + \beta$

現実には限りないほど長い直線を引くことはできないのだが，数直線という考えを導入することによって，私達はこの直線上のはるか遠くの右の方に，たとえば 71653452 という座標をもつ点があると認めることができるようになった．またあまり目盛りが細かくなりすぎて，実はその点を正確に指し示すことなどできないのだが，0 の少し左に -0.00000058 という座標をもつ点があるということも考えることができるようになった．直線上の点は座標の導入によって，いわば 1 点，1 点が区別され，遠くにある点も近くにある点も，すべて同じように取り扱うことができるようになったといってよい．

座 標 平 面

平面上の点も同じような観点から取り扱いたい．そのため，平面上に 2 本の直交する数直線を，互いの座標原点 O で交わるように引く．これによって，平面上

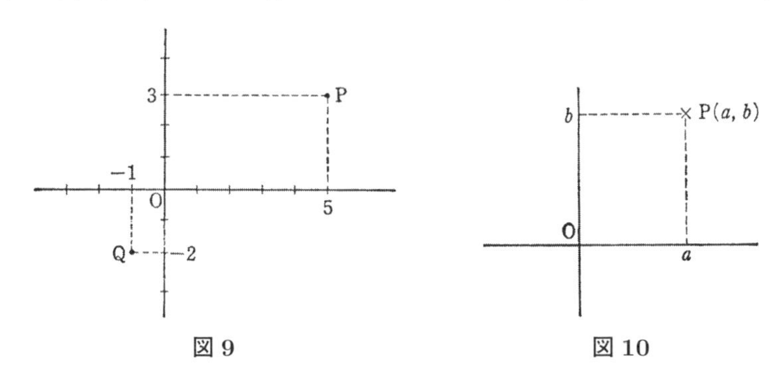

図 9　　図 10

の各点に座標を考えることができるようになる．図9で，点Pは座標 $(5, 3)$ をもつといい，点Qは，座標 $(-1, -2)$ をもつという．座標原点Oの座標は $(0, 0)$ である．

横に引いてある数直線をふつう x 軸，縦に引いてある数直線を y 軸という．x 軸と y 軸とを座標軸という．座標軸の与えられた平面を座標平面という．

点Pの座標が (a, b) のとき，$\mathrm{P}(a, b)$ とかき，a をPの x 座標，b をPの y 座標という (図10).

座標変換

1つの座標軸だけではなくて，もう1つ別の座標軸をとっておいた方が便利なこともある．たとえば京都に住んでいる人は，京都の町のことを話すのに，自宅を中心にして (自宅を座標原点として) 話をしても，そう不便ではないだろうが，東京の町のことを話すには，たとえば東京駅を中心として (東京駅を座標原点として) 話した方がずっと便利だろう．

いま，図11のように，xy 座標の座標原点を，点 $\mathrm{A}(\alpha, \beta)$ に移すように，x 軸，y 軸を平行移動すると，新しい座標軸 X 軸，Y 軸が得られる．

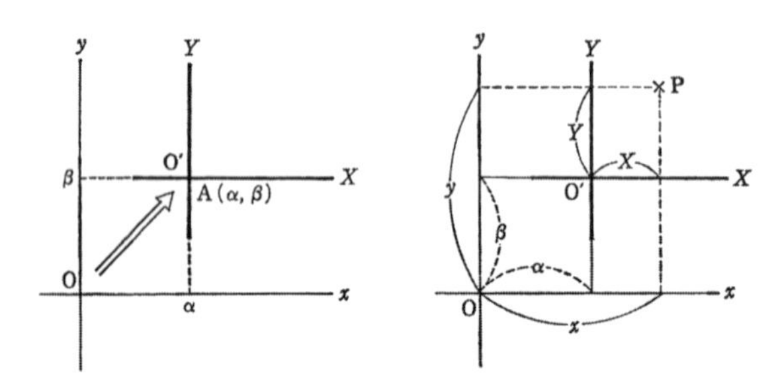

図11

平面上の点Pは，xy 座標に関する座標 (x, y) と，XY 座標に関する座標 (X, Y) をもつ．図11の右の図を見るとわかるように (x, y) と (X, Y) の関係は

$$\begin{cases} X = x - \alpha \\ Y = y - \beta \end{cases} \tag{1}$$

で与えられている．これを座標変換の公式という．

【例】 xy 座標の座標原点を (6, −8) まで平行移動して，新しい XY 座標をつくる．xy 座標で，(10, 20) の座標をもつ点 P は，(1) 式から

$$X = 10 - 6 = 4$$

$$Y = 20 - (-8) = 28$$

により，XY 座標による新しい座標 $(4, 28)$ をもつ．

(1) 式は，'古い' 座標で $\mathrm{P}(x, y)$ と表わされる点が，'新しい' 座標でどのように表わされるかを示した式である．'新しい' 座標で，点 P が $\mathrm{P}(X, Y)$ と表わされたとき，'古い' 座標で P がどのように表わされるかは，(1) 式を逆に解いた式

$$\begin{cases} x = X + \alpha \\ y = Y + \beta \end{cases} \tag{2}$$

で与えられる．

直線の式 (原点を通る場合)

座標平面で，原点 O を通る，y 軸とは違う直線を考えよう．この直線の傾きは(線路の傾きなどを測るのと同じような考えで)，図 12 で

$$\frac{b}{a}$$

で与えられる．

この値は，相似三角形の考えからわかるように，$a\ (\neq 0)$ をどこにとっても一定している．この値を

$$m = \frac{b}{a}$$

とかいて，直線の傾き，または，直線の勾配という．図 12 からもわかるように，この m の値は，$x = 1$ のときの直線上の点の y 座標の値となっている．$x = 1$ のとき，直線上の点が，x 軸より上にあれば $m > 0$ であるし，x 軸より下にあれ

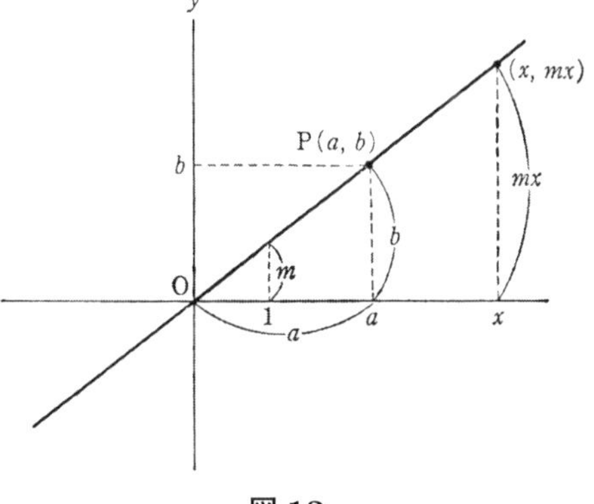

図 12

ば $m<0$ である．直線を x 軸から y 軸の方へと，原点をとめて時計の針と逆向きに回していけば，直線が y 軸に近づくにつれ m の値はどんどん大きくなっていく．

傾きが m の直線では，直線上の点の x 座標が x のとき，y 座標は mx となる(直線は水平方向に1進んだとき，m だけ上がるのだから，x だけ進めば mx だけ上がる!!).

直線上で，x 座標が x のとき，y 座標が mx となるということを

$$y=mx$$

と表わし，これを原点を通る傾き m の直線の式という．

直線と，直線の式との関係は，図13でいくつか示しておいた．

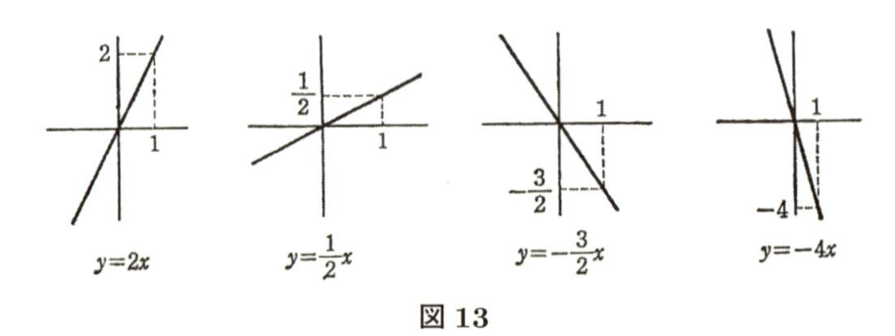

図13

直線の式 (一般の場合)

原点を通るとは限らない，傾きが m の直線の式はどのように表わされるだろうか．

> 点 $\mathrm{A}(\alpha,\beta)$ を通る，傾きが m の直線の式は
>
> $$y-\beta=m(x-\alpha) \qquad (3)$$
>
> すなわち
>
> $$y=m(x-\alpha)+\beta \qquad (3)'$$
>
> で与えられる．

これを示すには，図14で示してあるように，xy 座標を $\mathrm{A}(\alpha,\beta)$ まで平行移動して，新しい XY 座標をつくっておく．XY 座標では，$\mathrm{A}(\alpha,\beta)$ は原点となっている．したがって XY 座標ではこの直線の式は

$$Y = mX$$

で表わされる．これを座標変換の式 (1) を用いて，xy 座標の式としてかくと，(3) 式となる．

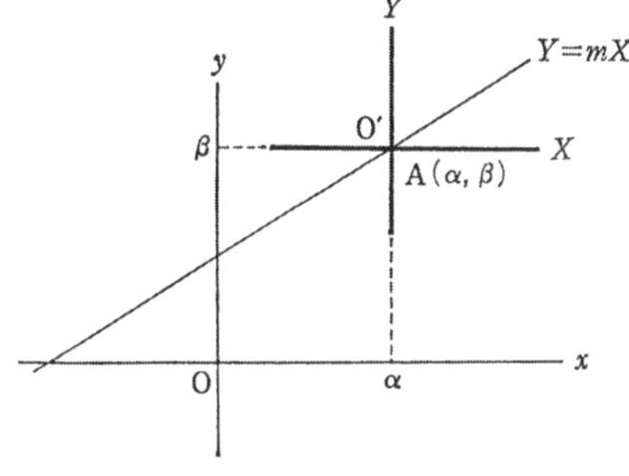

図 14

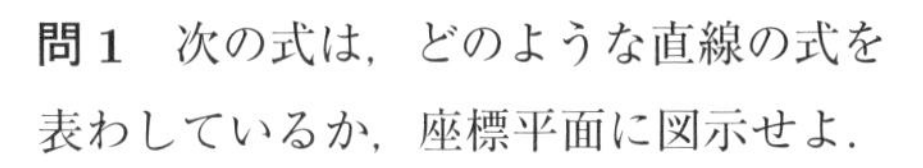

問 1　次の式は，どのような直線の式を表わしているか，座標平面に図示せよ．

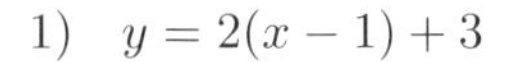

1)　$y = 2(x-1)+3$

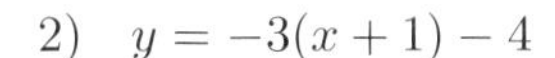

2)　$y = -3(x+1)-4$

問 2　$y = mx + b$ は，傾きが m，y 軸と交わる点の y 座標 (y 軸の切片！) が b である直線の式を表わしていることを示せ ((3)′ 式で A$(0, b)$ のときを考えよ)．

問 3　2 直線 $y = mx + 1$ と $y = nx - 5$ が平行となるための条件は，$m = n$ で与えられることを示せ．

Tea Time

y 軸を表わす直線の式

y 軸は，原点を通る直線であるが，$y = mx$ の式の形にかくわけにはいかない．しかし y 軸上の点は，$(0, 2)$，$(0, 5)$，$(0, -1)$ のように x 座標が 0 となっている点からなる．このことから，y 軸を表わす直線の式は

$$x = 0$$

で与えられることがわかる．

質問　xy 座標を時計まわりと逆方向に直角だけ回して，新しい座標——XY 座標——をつくってみました．このとき Y 軸の正の向きが x 軸の負の向きになってしまいました．座標変換の公式は，図 15 から

$$X = y, \quad Y = -x \tag{4}$$

となると推論しましたが，これで正しいのでしょうか．

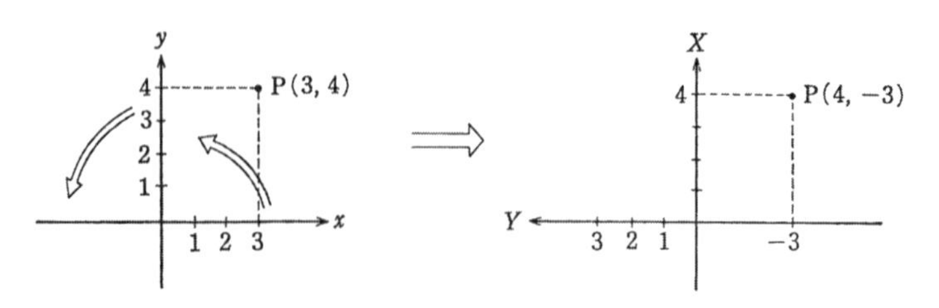

（この座標は，右の方から見ると感じがわかる）

図 15

答　これで正しい．せっかく求めた座標変換の公式 (4) を用いる 1 つの応用例を述べておこう．

xy 座標で，原点を通る直線 $l : y = mx$ を，時計と逆方向に直角だけ回すと，最初の直線とちょうど直交する直線 l' が得られる．xy 座標も直線 l も一緒に直角だけ回したと考えるとすぐわかるように，XY 座標では，l' の式は前と同じ形

$$Y = mX$$

となっている．(4) 式を代入すると

$$-x = my$$

左辺と右辺を取り換えて整頓すると

$$y = -\frac{1}{m}x \qquad (5)$$

すなわち，$y = mx$ に直交する直線の式は (5) 式で与えられることがわかった．

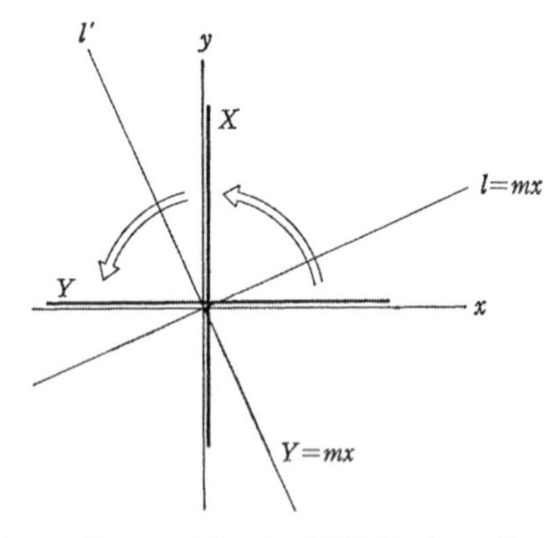

（下から見て，xy 座標と l の位置関係は右から見て，XY 座標と l' の位置関係と一致している）

図 16

第 4 講

2 次関数とグラフ

テーマ
- ◆ 2 次関数 $y = ax^2 + bx + c$
- ◆ $y = x^2$ のグラフ
- ◆ $y = ax^2$ のグラフ
- ◆ $y = ax^2 + bx + c$ のグラフ (式の変形と座標変換の考えを用いる)

1 次 関 数

直線の式は，前講の $(3)'$ 式で示したように $y = m(x - \alpha) + \beta$ で与えられるが，この式は y 軸の切片に注目すれば，前講の問 2 でみたように $y = mx + b$ の形にもかける．式の形だけに注目しないで，この式で，x は数直線上を自由に動く——同じことであるが，x は任意の実数の値をとる——‘変数’とみて，x の値に応じて y の値が決まると考えたとき

$$y = mx + b \tag{1}$$

を (x の) 1 次関数という．このとき，$y = mx + b$ が座標平面上で表わす直線 l は，(1) 式の関係を満たす点 (x, y) の全体を，座標平面上に表示したものと考える．このように考えたとき，直線 l は (1) 式のグラフであるという．

2 次 関 数

x と y との関係が，x^2 と x に関係するような形

$$y = ax^2 + bx + c \quad (a \neq 0) \tag{2}$$

で与えられるとき，y は x の2 次関数であるという．a, b, c はある決まった数である．a を x^2 の係数，b を x の係数，c を定数項という．$a \neq 0$ のことに注意しておこう．

$y = x^2$ のグラフ

2次関数 (2) 式の中で，最も簡単なものは，$a = 1$，$b = c = 0$ の場合，すなわち

$$y = x^2$$

のときである．

x と，対応する $y = x^2$ のいくつかの値をとってみると次のようになる．

x	-3	-2	-1	$-\frac{1}{2}$	$-\frac{1}{3}$	$-\frac{1}{10}$	0	$\frac{1}{10}$	$\frac{1}{3}$	$\frac{1}{2}$	1	2	3
$y = x^2$	9	4	1	$\frac{1}{4}$	$\frac{1}{9}$	$\frac{1}{100}$	0	$\frac{1}{100}$	$\frac{1}{9}$	$\frac{1}{4}$	1	4	9

手許にある電卓を用いて，もう少しいろいろな x の値に対し x^2 の値を調べ，点 $\mathrm{P}(x, x^2)$ を座標平面にとってみると，$y = x^2$ のグラフが，見なれた図 17，18 のような形となることがわかる．

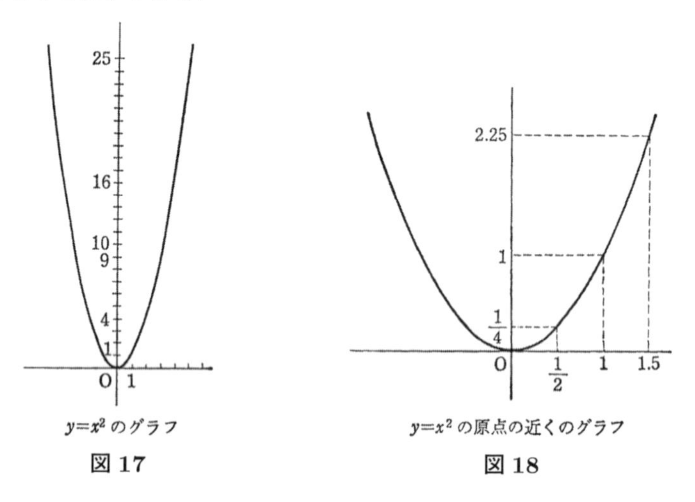

$y=x^2$ のグラフ

図 17

$y=x^2$ の原点の近くのグラフ

図 18

このグラフが x 軸より上にあることは，$y = x^2 \geqq 0$ を示しているし，このグラフが y 軸に関して対称なことは $(-x)^2 = x^2$ ということを示している．グラフは，原点に近づくに従ってしだいに緩いカーブとなる．このことは，x が 1 より小さくなって 0 に近づくとき，x^2 は x に比べて，はるかに早く小さくなることを反映している．また x が 1 を越えて大きくなると，x^2 は x に比べて，はるかに早く大きくなる．グラフはしたがって x が 1 を越えてから，急に急カーブを描いて上昇していく．

$y = ax^2$ のグラフ

次に，図 19 で

$$y = 2x^2 \quad と \quad y = \frac{1}{2}x^2$$

のグラフを示しておこう．図 19 には比較のために，$y = x^2$ のグラフもかいてある．$y = x^2$ のグラフを用いて，これらのグラフは簡単にかくことができる．それには，図 19 で，同じ x 座標をもつグラフ上の点の y 座標を比べてみると

$$\mathrm{AC} = 2\mathrm{AB}, \quad \mathrm{AD} = \frac{1}{2}\mathrm{AB}$$

となっていることを注意するとよい．

このことから，たとえば，$y = 2x^2$ のグラフは，$y = x^2$ のグラフを，縦方向に高さを 2 倍にして得られることがわかる．

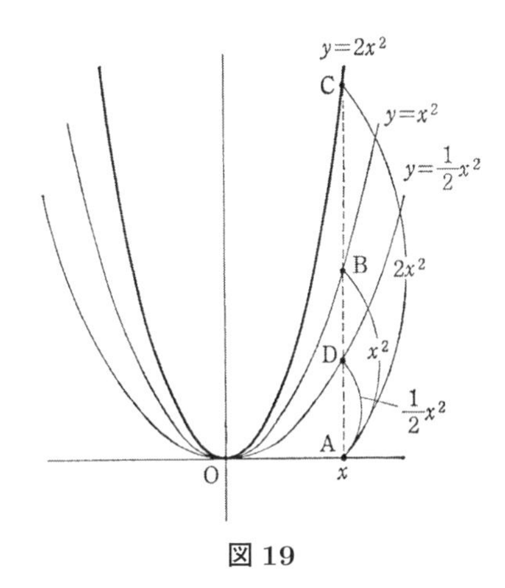

図 19

$y = -x^2$ のグラフは $y = x^2$ のグラフと比べると，ちょうど y 座標がマイナスになっただけだから $y = x^2$ のグラフを x 軸に関して対称に移したものとなっている．

これらのことを総合して，いくつかの a に対し

$$y = ax^2$$

のグラフをかいてみると，図 20 のようになる．

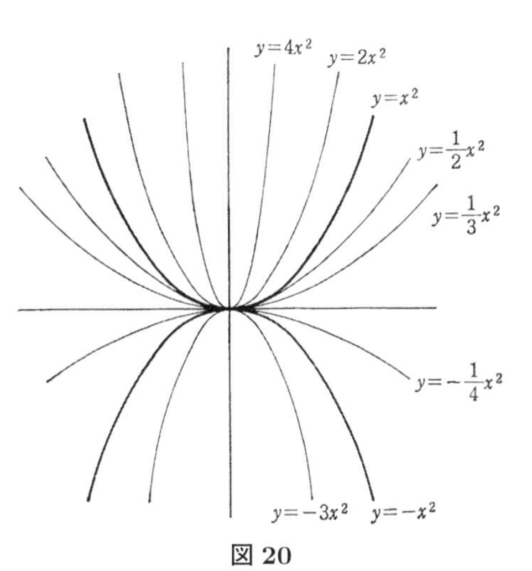

図 20

公　　式

$$(A+B)^2 = A^2 + 2AB + B^2$$
$$(A-B)^2 = A^2 - 2AB + B^2$$

この式の証明には，かっこをはずす式の計算をするとよい．たとえば最初の公式は次のように示される．

$$(A+B)^2 = (A+B)\underset{\sim\sim\sim}{(A+B)} = \underset{\sim\sim\sim}{A(A+B)} + B\underset{\sim\sim\sim}{(A+B)}$$
$$= A^2 + AB + BA + B^2 = A^2 + 2AB + B^2$$

式の変形

一般の2次関数のグラフの形を知るために，(2) 式を変形しておく．2次関数

$$y = ax^2 + bx + c \tag{2}$$

で，変数 x を

$$x = X - \frac{b}{2a} \tag{3}$$

すなわち

$$X = x + \frac{b}{2a}$$

の関係を満たす新しい変数 X におき換えてみよう．このとき上の公式を使うと (2) 式は次のようになる．

$$\begin{aligned}
y &= a\left(X - \frac{b}{2a}\right)^2 + b\left(X - \frac{b}{2a}\right) + c \\
&= a\left(X^2 - 2\frac{b}{2a}X + \frac{b^2}{4a^2}\right) + bX - \frac{b^2}{2a} + c \\
&= aX^2 - bX + \frac{b^2}{4a} + bX - \frac{b^2 - 2ac}{2a} \\
&= aX^2 + \frac{b^2}{4a} - \frac{2b^2 - 4ac}{4a} \\
&= aX^2 - \frac{b^2 - 4ac}{4a}
\end{aligned}$$

移項して

$$y+\frac{b^2-4ac}{4a}=aX^2 \tag{4}$$

2 次関数のグラフ

(4) 式の形を見て，さらに変数 y も新しい変数

$$Y=y+\frac{b^2-4ac}{4a} \tag{5}$$

におき換えてみる．このとき (2) 式は，新しい変数 X,Y によって

$$Y=aX^2 \tag{6}$$

と表わされることがわかった．第 3 講で述べたことによると，(3) 式と (5) 式で，変数を (x,y) から (X,Y) へと取り換えたことは，xy 座標の原点を

$$\left(-\frac{b}{2a},-\frac{b^2-4ac}{4a}\right)$$

まで平行移動して，新しい座標 XY をとったことに相当している．そのとき (2) 式が (6) 式になったことは，(2) 式のグラフは新しい座標で (6) 式で表わされるということを意味している．(6) 式のグラフの形は知っている．したがって (2) 式のグラフもかけることになった．すなわち

> $$y=ax^2+bx+c$$
>
> のグラフは，新しく
>
> $$\left(-\frac{b}{2a},-\frac{b^2-4ac}{4a}\right)$$
>
> を座標原点と思って，そこに $y=ax^2$ と同じ形のグラフをかくとよい．

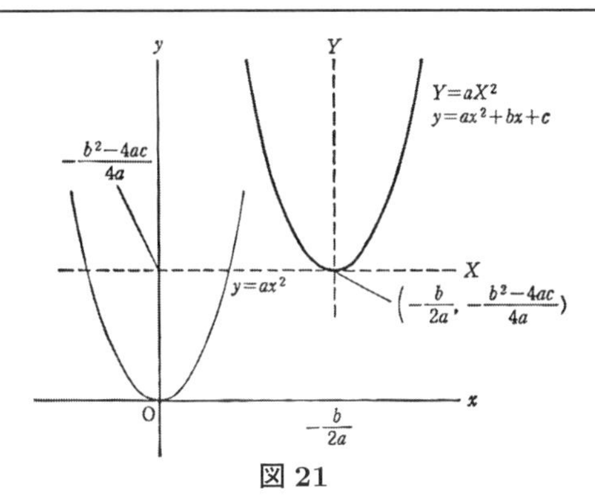

図 21

図21で，$y = ax^2 + bx + c$ と $y = ax^2$ のグラフとの関係を示しておいた．

問1　次の2次関数のグラフをかけ．

1)　$y = x^2 + 2x + 3$

2)　$y = 2x^2 - 5x + 3$

3)　$y = -x^2 - x - 1$

問2　2次関数 $y = x^2 + x + 2$ のグラフと，x 軸に関して対称な曲線は，また1つの2次関数のグラフとなっている．この2次関数を求めよ．

問3　2次関数 $y = x^2 - 5x + 6$ のグラフをかき，このグラフは x 軸と2と3の点で交わることを確かめよ．

Tea Time

2次関数と2次方程式

2次関数と2次方程式は，どう違うのか．ここではっきりさせておいた方がよいと思うので，そのことについて述べておこう．たとえば，

$$x^2 + 5x - 6 = 0 \tag{7}$$

は2次方程式である．この場合，x は未知数であって，この関係を満たす‘何か決まった数’である．因数分解，または解の公式を使って解いてみると，この‘何か決まった数’が，実は $x = -6$ と $x = 1$ であることがわかる——これが方程式を解くということである．

これに反し，2次関数

$$y = x^2 - 5x + 6$$

では，x はいろいろな値を‘動き回り’，それに応じて y の値が決まる，この x と y との変数の関係を表わしている．なお，グラフでいえば，この2次関数のグラフが x 軸と交わる場所 (そこで $y = 0$！) での，x 座標が -6 と1であり，これが最初の2次方程式の解となっている．

なお，念のため，2次方程式の解の公式をかいておこう．

2次方程式

$$ax^2 + bx + c = 0$$

の解は

$$x = \frac{-b \pm \sqrt{b^2 - 4ac}}{2a}$$

で与えられる．

質問　学校では，xy 座標をそのままにして，グラフの方を平行移動することを習いましたが，ここで説明されたように，グラフの方はとめておいて，座標を xy 座標から XY 座標へと変える考え方とは，どう違うのでしょうか．

答　これはよい質問である．たとえ話で説明してみる．いま，ある劇場の舞台があって (xy 座標 !!)，舞台中央に手を放物線のような形をして挙げた役者 ($y = ax^2$ のグラフ !!) が立っていたとする．幕が下がり，次に幕が上がってみると，役者は同じ姿勢で舞台の右の方に立っていた．このとき，この役者自身が，舞台中央から舞台の右へと歩いて行ったと考えるのが，学校で習ったグラフの平行移動の考えである．それに反し，役者は同じ場所にじっとしていたが，舞台全体が回って (xy 座標から XY 座標への移動)，役者はこの舞台の移動と一緒に右へ動いたと考えるのが，ここで説明した考え方である．このあとの場合，役者と舞台との位置関係は少しも変わっていない ($Y = aX^2$!!)．しかし座っている観客から見ると，役者の位置は前と変わってしまった．この 2 つの舞台の位置関係を示すのが，座標変換である．私達は最初の舞台 (xy 座標 !!) から見た状況を常に知りたいので，$Y = aX^2$ という関係を，xy 座標の式として書き直しておくのである．

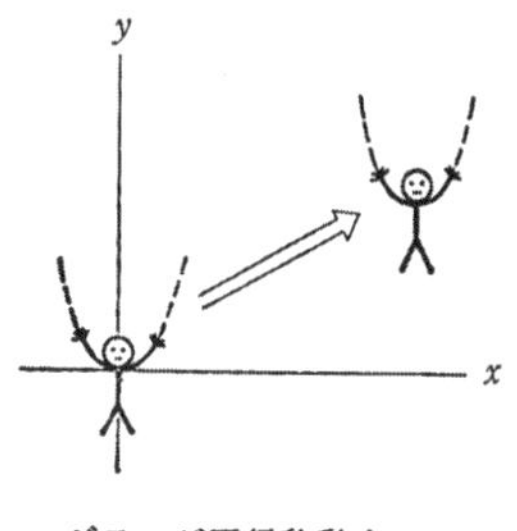

グラフが平行移動する

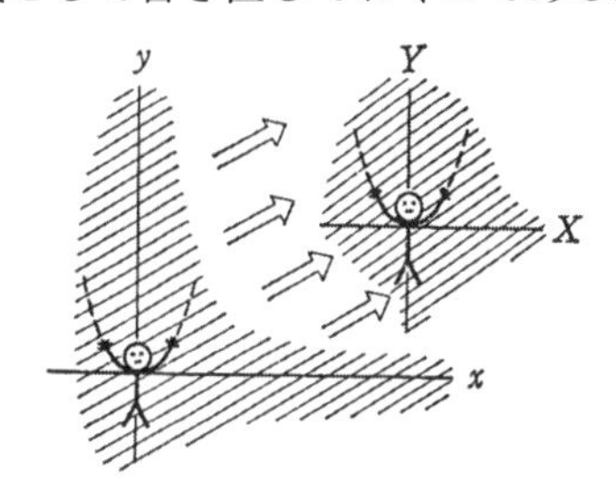

座標が平行移動する

図 22

第 5 講

2 次関数の最大，最小

テーマ
- ◆ 2 次関数 $y=ax^2+bx+c$ の最大，最小
- ◆ b^2-4ac の符号とグラフの関係
- ◆ 接線：$y=x^2$ の点 (p,p^2) における接線の傾き
  $y=ax^2+bx+c$ の $x=p$ における接線の傾き

放物線の頂点と，最大値，最小値

まず図 23 で，2 つの 2 次関数のグラフを与えておこう．2 次関数

$$y=ax^2+bx+c$$

で，$a>0$ の場合が図 (I) の場合であって，このときグラフは上向きに開いている．$a<0$ の場合が図 (II) であって，このときグラフは下向きに開いている．

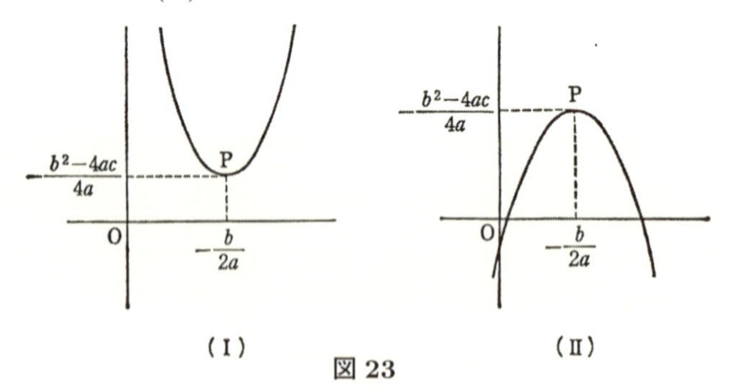

図 23

見方を変えて，$a>0$ のときグラフは下に凸であるといい，$a<0$ のとき，グラフは上に凸であるという．

2 次関数のグラフとして表わされる曲線を放物線という．(I)，(II) いずれの場合も，点 P の座標は

$$\left(-\frac{b}{2a}, -\frac{b^2-4ac}{4a}\right)$$

で与えられている．点 P を放物線の頂点という．

y 軸に平行な直線 $x=-\frac{b}{2a}$ は，放物線の対称軸となっている．これを放物線の軸という．

$a>0$ の場合，グラフは点 P で最下点に達する．すなわち，y の値が最小となる．$a<0$ の場合，グラフは点 P で最高点に達する．すなわち，y の値が最大となる．これをまとめると次のようになる．

> 2 次関数 $y=ax^2+bx+c$ は
>
> $a>0$ のとき，$x=-\frac{b}{2a}$ で最小値 $-\frac{b^2-4ac}{4a}$ をとる．
>
> $a<0$ のとき，$x=-\frac{b}{2a}$ で最大値 $-\frac{b^2-4ac}{4a}$ をとる．

グラフの上り，下り

$a>0$ のときを考えよう．a を 1 つとめておくと，$y=ax^2+bx+c$ のグラフの原形は $y=ax^2$ であって，b, c を変えると，この原形が，適当なところまで平行移動する (第 4 講参照)．説明の便宜上，b もひとまずとめておくことにしよう．このとき放物線の軸 $x=-\frac{b}{2a}$ は変わらない．したがって，a, b をとめて，c をいろいろに変えると，グラフは，上がったり，下がったりの上下の移動をすることなる．

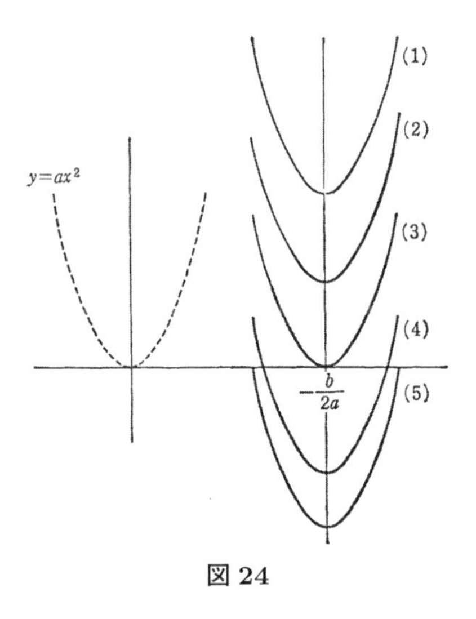

図 24

y の最小値は $-\frac{b^2-4ac}{4a}$ で，$a>0$ だから，次のことが成り立つ．

(i)　$b^2-4ac<0 \Rightarrow -\frac{b^2-4ac}{4a}>0 \Rightarrow$ 最小値は正　(図 24 (1), (2) の場合)

(ii)　$b^2-4ac=0 \Rightarrow -\dfrac{b^2-4ac}{4a}=0 \Rightarrow$ 最小値は0　(図24 (3) の場合)

(iii)　$b^2-4ac>0 \Rightarrow -\dfrac{b^2-4ac}{4a}<0 \Rightarrow$ 最小値は負　(図24 (4), (5) の場合)

($a<0$ のとき，対応することは，どのような形で述べられるかを考えてみよ．)

図からも明らかなように，(i) の場合には，グラフは x 軸と交わらないし，(ii) の場合には x 軸と1点で交わり，(iii) の場合には x 軸と2点で交わる．

2次方程式 $ax^2+bx+c=0$ において，$D=b^2-4ac$ を，この2次方程式の判別式という．x 軸とグラフとの交点の座標が，解を与えることに注意すると，上に述べたことは

　$D<0$ ならば，実解がない

　$D=0$ ならば，ただ1つの実解 (重解！) をもつ

　$D>0$ ならば，2つの実解をもつ

を示したことになる (この結論は $a<0$ の場合にも正しい)．

$y=x^2$ の接線の傾き

ここで少し話題を変えて，2次関数の中で最も基本的な $y=x^2$ のグラフを，もう少し詳しく調べてみよう．$y=x^2$ のグラフは，第4講，図17, 18で示されているが，原点の近くでは緩やかであり，原点を遠ざかるにつれて，しだいに急になっていく．このような，各点におけるグラフの傾きといったものを，何か正しく表わせないものであろうか．

そのため次のようなことを考える．x 座標が p と $p+h$ であるような，$y=x^2$ のグラフ上の2点をP, Qとする．したがって，P, Qの座標はそれぞれ

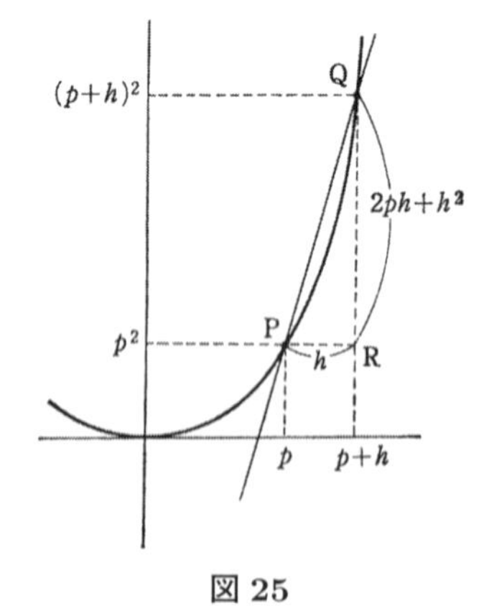

図25

$$\mathrm{P}\,(p,p^2),\quad \mathrm{Q}\,(p+h,(p+h)^2)$$

である．図25で，

$$\mathrm{PR}=h,$$
$$\mathrm{QR}=(p+h)^2-p^2=p^2+2ph+h^2-p^2=2ph+h^2$$

である．したがって直線PQの傾きはすぐに計算できて

$$\frac{\mathrm{QR}}{\mathrm{PR}}=\frac{2ph+h^2}{h}=2p+h \tag{1}$$

となる．ここで h がどんどん 0 に近づいていく様子を想像してみよう．このとき，点 Q は，グラフを伝わって，どんどん P に近づいていく．このとき直線 PQ は，しだいに，図 26 で見るように，P を通る一定の直線に近づいていくだろう．この直線のことを，$y=x^2$ の点 P における接線という (接線のことは，もう少し一般的な立場から，あとで述べる (第 7 講 Tea Time 参照))．

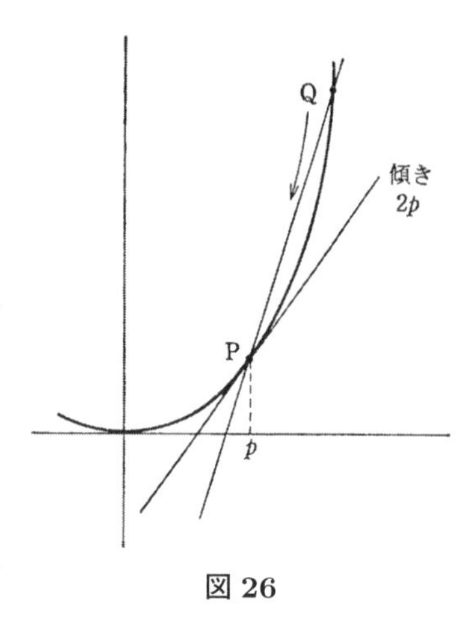

図 26

(1) 式で，h がどんどん 0 に近づくと，右辺の第 2 項はいくらでも小さくなっていく．このことから，直線 PQ の傾きは，しだいに $2p$ に近づいていくことがわかる．したがって

点 P (p, p^2) における $y=x^2$ の接線の傾きは $2p$ である．

ことが結論できた．

たとえば，$x=4$ のときの，$y=x^2$ の接線の傾きは $2\times 4=8$ で，グラフはかなり急な上りである．$x=-\dfrac{1}{3}$ のときの $y=x^2$ の接線の傾きは，$2\times\left(-\dfrac{1}{3}\right)=-\dfrac{2}{3}$ で，ここではかなり緩い下りである．

図 27 で，$y=x^2$ のグラフのいくつかの点での接線の傾きを示しておいた．

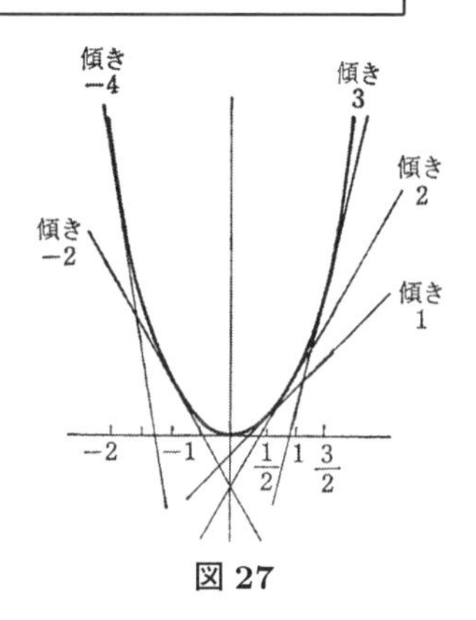

図 27

$y=ax^2$ の接線の傾き

x 座標が p であるような，$y=ax^2$ のグラフ上の点 P における接線の傾きを求めるには，$y=x^2$ のときと同様に考えるとよい．(1) 式に対応する式の右辺は $2ap+ah$ に変わる．このことから，h を 0 に近づけると，

> 点 (p, ap^2) における $y = ax^2$ の接線の傾きは $2ap$ である．

ことがわかる．

$$\boldsymbol{y = ax^2 + bx + c}$$

$y = ax^2$ のグラフの性質がわかると，そのことから，平行移動することによって，$y = ax^2 + bx + c$ のグラフの性質も導かれるはずである．この基本的な考え方は，接線の傾きに対しても適用される．

> x 座標が p であるような，$y = ax^2 + bx + c$ のグラフ上の点 P における このグラフの接線の傾きは $2ap + b$ である．

これを示すためには，図 28 を参照するとよい．新しい座標 XY を，いつものように図のようにとると，点 P の X 座標は，座標変換の公式から

$$X = p - \left(-\frac{b}{2a}\right) = p + \frac{b}{2a}$$

となる．$Y = aX^2$ のこの点における接線の傾きは，すぐ前に述べたことから

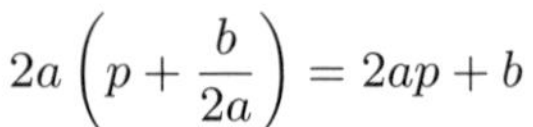

$$2a\left(p + \frac{b}{2a}\right) = 2ap + b$$

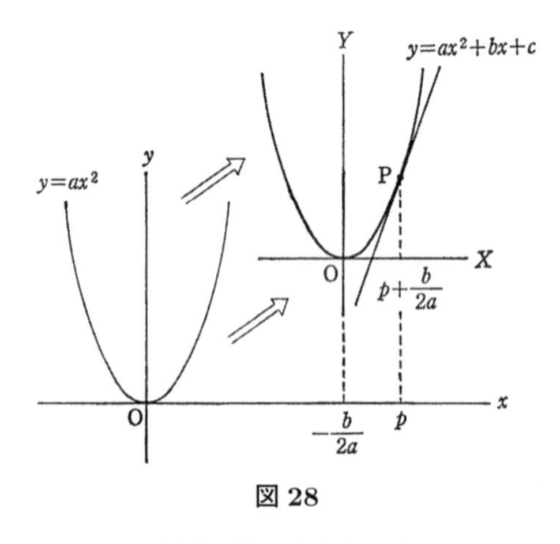

図 28

である．直線の傾きは，xy 座標で見ても，XY 座標で見ても変わらないから (あるいは，直線の傾きは平行移動で変わらないから)，これで証明された．■

接線の傾きが 0 ということは，2 次関数のグラフではちょうど，グラフがそこで (上り坂でも，下り坂でもなくて) 最小値か，最大値をとる点になっているということである．式の上から改めてこのことを確かめてみると

$$2ap + b = 0$$

から，予期したように

$$p = -\frac{b}{2a}$$

が出る.

問 1　次の 2 次関数の最大値または最小値を求めよ.

1)　$y = -x^2 + 6x - 3$　　　2)　$y = 2x^2 - 3x + 5$

問 2　直角をはさむ 2 辺の長さの和が 12 cm の直角三角形がある. この直角三角形の面積の最大値を求めよ.

問 3　$y = 3x^2 - x - 1$ の点 $(-2, 13)$, および点 $(3, 23)$ における接線の傾きを求めよ.

Tea Time

2 次式と因数分解

たとえば 2 次式 $2x^2 - 8x + 6$ のように, すぐ因数分解できるものがある：

$$2x^2 - 8x + 6 = 2(x-1)(x-3)$$

このとき, $y = 2x^2 - 8x + 6$ のグラフと x 軸の交点は 1 と 3 であり, この中点 2 を通る y 軸に平行な直線がこのグラフの軸となる. 一般に

$$ax^2 + bx + c = a(x-\alpha)(x-\beta)$$

と因数分解されるとき, α と β は, $y = ax^2 + bx + c$ のグラフと x 軸との交点の座標であり, この中点 $\frac{\alpha+\beta}{2}$ を通る y 軸に平行な直線 $x = \frac{\alpha+\beta}{2}$ が, この放物線の軸となる. したがって

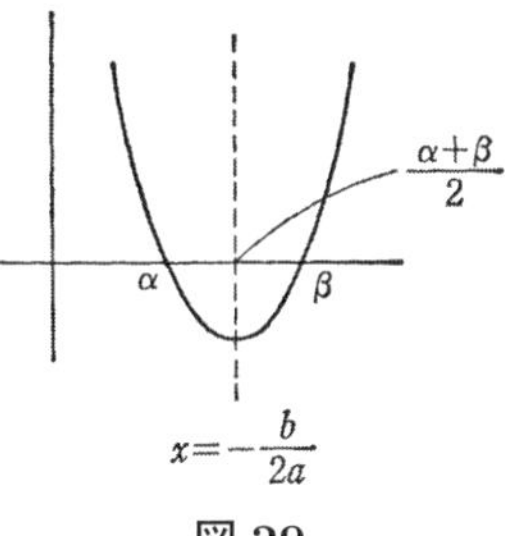

図 29

$$\frac{\alpha+\beta}{2} = -\frac{b}{2a},\quad すなわち\ \alpha + \beta = -\frac{b}{a}$$

(これは解と係数の関係の一方の関係を, グラフ上で説明したことになっている)

質問　接線の傾きの話は, 大体理解できたように思いましたが, 一つ不安な感じが残りました. それは, 動点 Q がどんどん P に近づいていって, 最後に Q が P

に重なってしまうと，2点P, Qを通る直線など意味がなくなって，接線など定義できなくなるのではないかということです．

答　この質問は極限概念に関することであって，これからしだいに明らかにしていくつもりである．$y = x^2$ の場合でいうと，講義での説明をよく読んでみると，この質問からくる難点を注意深く避けるようにしていることに気がつくだろう．Qがどんなに P に近くても，P と異なっている限り，直線 PQ を考えることは構わない．したがってまた，傾き $2p + h$ ((1) 式) を考えることにも問題はない．ここでもし万一 ‘$h = 0$ とする’ というようないい方をするならば，Q = P の場合となり，質問にあった通りおかしなことになる．しかし講義では，‘h がどんどん小さくなる’ といういい方をして，$h = 0$ とはしなかったのである．この微妙ないい回しは，図 26 で，割線 PQ がしだいに接線に近づく様子をいい表わしたものとなっている．

第 6 講

3 次関数

> **テーマ**
> ◆ 3 次関数 $y = x^3$ と $y = ax^3$ のグラフ
> ◆ $y = ax^3$ のグラフと $y = x^3 - x + 1$ のグラフとの比較
> ◆ $y = x^3$ のグラフの接線の傾き

3 次関数

x と y との関係が，x^3 と x^2 と x で表わされる式

$$y = ax^3 + bx^2 + cx + d \quad (a \neq 0)$$

で与えられるとき，y は x の3 次関数であるという．係数 a, b, c, d はある決まった実数を表わしている．3 次関数の中で最も簡単なものは，$a = 1$，$b = c = d = 0$ の場合，すなわち

$$y = x^3$$

のときである．

$y = x^3$ のグラフ

x のいくつかの値と，それに対応する $y = x^3$ の値をとってみると次のようになる．

x	-3	-2	-1	$-\frac{1}{2}$	$-\frac{1}{3}$	$-\frac{1}{10}$	0	$\frac{1}{10}$	$\frac{1}{3}$	$\frac{1}{2}$	1	2	3
x^3	-27	-8	-1	$-\frac{1}{8}$	$-\frac{1}{27}$	$-\frac{1}{1000}$	0	$\frac{1}{1000}$	$\frac{1}{27}$	$\frac{1}{8}$	1	8	27

もっと細かく x の値をとり，それに対応する y の値をとってグラフをかいてみると，$y = x^3$ のグラフは，図 30 のような形となることがわかる．

2 次関数のグラフとこの $y = x^3$ のグラフを見比べて，すぐに気のつく違いは次の 2 つのことである．

i)　$y = x^3$ のグラフには対称軸がない.

ii)　$y = x^3$ のグラフは，座標平面の下から上へと走りぬける形をして，放物線の頂点のようなものがない.

i) についていうと，グラフには対称軸はないが，(x, y) という点がグラフ上にあれば，$(-x, -y)$ という点もグラフ上にあり，したがってグラフは原点に関し点対称となっている.

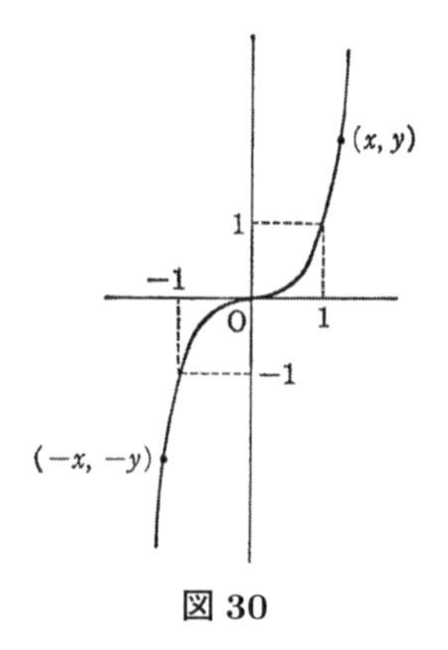

図 30

$y = ax^3$ のグラフ

$a > 0$ のとき，$y = ax^3$ のグラフは図 31 のような形となる.

$a < 0$ のとき，$y = ax^3$ のグラフは図 32 のような形となる.

$y = ax^3$ と $y = -ax^3$ のグラフは，y 軸に関して対称である.

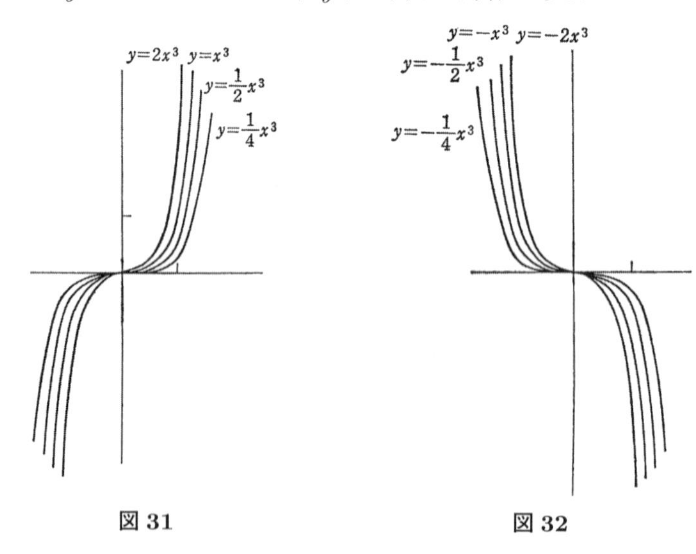

図 31　　図 32

1 つ の 例

3 次関数

$$y = x^3 - x + 1$$

のグラフの概形をかくことを試みてみよう．このグラフをかくには，

$$y_1 = x^3$$
$$y_2 = -x + 1$$

という 2 つの関数のグラフをかいて，次に，同じ x に対応する $y_1 + y_2$ の点をグラフ上に求めていくとよい．

実際このことを実行してみると，図 33 が得られる．

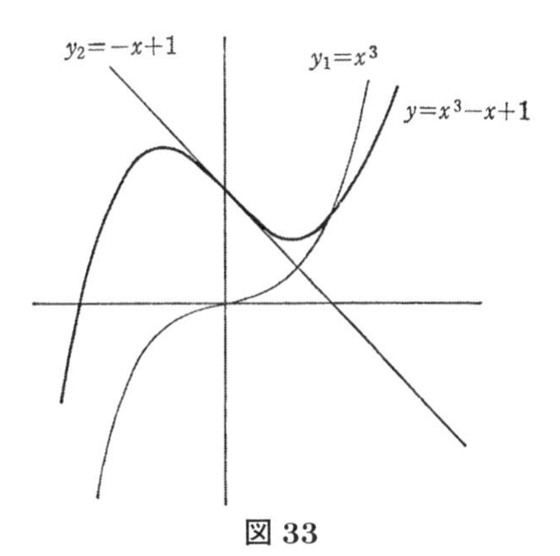

図 33

このようにして得られた $y = x^3 - x + 1$ のグラフを眺めていると，奇妙なことに気がつく．それはグラフが左の方から上ってきて，ある所へくると (実際は $x = -\dfrac{1}{\sqrt{3}}$ のところで) 下がり出し，またしばらく進むと (実際は $x = \dfrac{1}{\sqrt{3}}$ のところにたどりつくと)，今度はもう一度上り始めるということである．このようにグラフが波打つことは，$y = ax^3$ のグラフには起きなかったことである．

この例から，3 次関数のグラフが，1 次関数，2 次関数のグラフと本質的に違う一つの様相が明らかとなった．すなわち

> 一般に，3 次関数 $y = ax^3 + bx^2 + cx + d$ のグラフは $y = ax^3$ のグラフを適当に平行移動したものとはなっていない．

このことは次のことからも推察される．座標変換では座標原点をある点 $\mathrm{P}(\alpha, \beta)$ に移すことを問題とした．したがって座標変換を表わす公式には，任意定数が，α, β の 2 つしか出てこない．一方，3 次関数 $y = ax^3 + bx^2 + cx + d$ には，ax^3 以外の項に，任意定数が 3 つ，b, c, d がある．したがって $b = c = d = 0$ となるように，一般には α, β を選ぶわけにはいかないのである．

3 次関数のグラフの性質を調べることは，2 次関数の場合より，はるかに難しいだろうと予想される．3 次関数，あるいはもっと複雑な関係のグラフを調べるときには，接線の傾き——微分——という考え方が，本質的な役割をになうことになってくる．

公　式

$$(A+B)^3 = A^3 + 3A^2B + 3AB^2 + B^3$$
$$(A-B)^3 = A^3 - 3A^2B + 3AB^2 - B^3$$

どちらも同じだから，上の公式だけ示しておく．

$$\begin{aligned}(A+B)^3 &= (A+B)(A+B)^2 = (A+B)(A^2+2AB+B^2)\\ &= A^3 + \underset{\sim\sim\sim}{2A^2B} + \underline{AB^2} + \underset{\sim\sim\sim}{BA^2} + \underline{2AB^2} + B^3\\ &= A^3 + 3A^2B + 3AB^2 + B^3\end{aligned}$$

$y = x^3$ の接線の傾き

$y = x^3$ のグラフの点 $\mathrm{P}(p, p^3)$ における接線の傾きは，$y = x^2$ のときと同様に考えることができる．すなわち，P と異なる点 Q をグラフ上にとり，直線 PQ を考える．Q がどんどん P へ近づいたとき，直線 PQ の傾きは，ある値に近づいていく．この値を，P における $y = x^3$ のグラフの接線の傾きというのである．

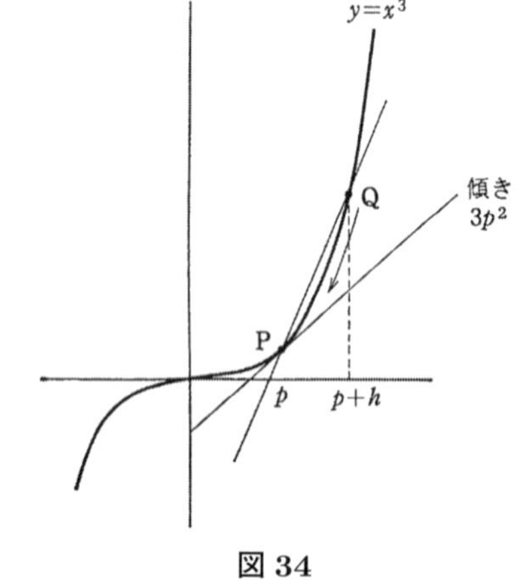

図 34

前と同じように Q の座標を

$$\mathrm{Q}(p+h, (p+h)^3)$$

とおくと，直線 PQ の傾きは

$$\frac{(p+h)^3 - p^3}{h}$$

で与えられる．この分子は上の公式を用いて計算することができる：

$$\begin{aligned}\frac{(p+h)^3 - p^3}{h} &= \frac{p^3 + 3p^2h + 3ph^2 + h^3 - p^3}{h}\\ &= \frac{3p^2h + 3ph^2 + h^3}{h}\\ &= 3p^2 + h(3p+h)\end{aligned}$$

h を 0 に近づけると，この右辺の 2 項目はいくらでも小さくなる．したがって直線PQの傾きは，いくらでも $3p^2$ に近づいていく．これで次のことが示された．

> 点 $\mathrm{P}\,(p, p^3)$ における $y=x^3$ の接線の傾きは $3p^2$ である．

$y=x^3$ と $y=3x^2$ の関係

点 $\mathrm{P}\,(p, p^3)$ での $y=x^3$ の接線の傾きが $3p^2$ であるということは，$y=x^3$ のグラフと，$y=3x^2$ のグラフとの間に図35で示すような関係があることを示している．

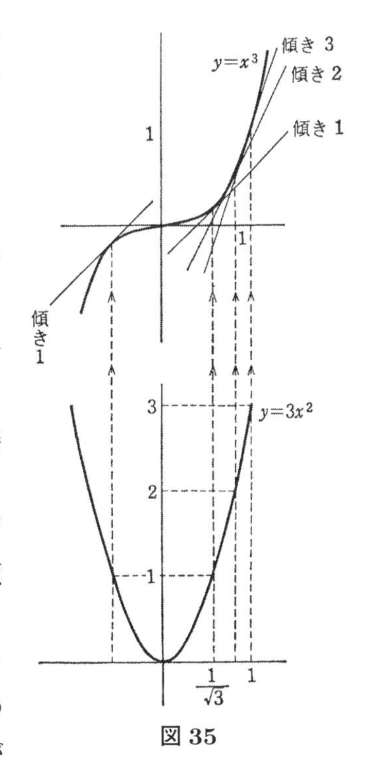

図 35

図35で上に図示してあるのが $y=x^3$ のグラフで，下に図示してあるのが $y=3x^2$ のグラフである．$x=\dfrac{1}{\sqrt{3}}$ のとき，$y=3x^2$ の値は1となる．このとき上の $y=x^3$ のグラフを見ると，そこで接線の傾きが1になっている．$x=\sqrt{\dfrac{2}{3}}$ のとき，$y=3x^2$ の値は2である．このとき $y=x^3$ の接線の傾きは2となっている．

したがって，たとえば $x \neq 0$ のとき，$y=3x^2$ の値が正であるということは，$y=x^3$ の接線の傾きが，$x \neq 0$ のとき正——すなわちグラフは上り坂であることを示している．下の $y=3x^2$ のグラフが y 軸に関して対称であるということは，上のグラフでは，x と $-x$ で，$y=x^3$ の接線の傾きが等しいということを示している．

こうやってよく見ていくと，下のグラフの湾曲していく状況が，上のグラフの接線の傾きの変化していく模様を，実に上手に表わしていることに気がつくだろう．

問1　3次関数

$$y=ax^3+bx^2+cx+d \tag{1}$$

が与えられたとき，xy 座標の原点を，x 座標が $-\dfrac{b}{3a}$ であるグラフ上の点Pまで

移動して，新しい XY 座標をつくると，このグラフは

$$Y = aX^3 + CX \quad (C\text{ は適当な定数})$$

の形に表わされることを示せ．このことから，(1) 式のグラフは，点 P に関し点対称となっていることを示せ．

問 2　$y = x^3 - x + 1$ のグラフの接線の傾きが，点 $\mathrm{P}(p, p^3 - p + 1)$ では $3p^2 - 1$ で与えられることを確かめよ．さらに $y = x^3 - x + 1$ のグラフと，$y = 3x^2 - 1$ のグラフの関係を調べてみよ．

Tea Time

接線の傾きと，ある時刻における新幹線の速さ

3 次関数 $y = x^3$ の，$0 \leqq x \leqq 1$ におけるグラフは，新幹線が東京駅をゆっくりと発車して徐々にスピードを上げていく模様を示した走行グラフに似ている．このとき出発後 t 分から $(t+h)$ 分までの間の平均速度は，その間の走行距離を，要した時間 h で割ったもの，図でいえば

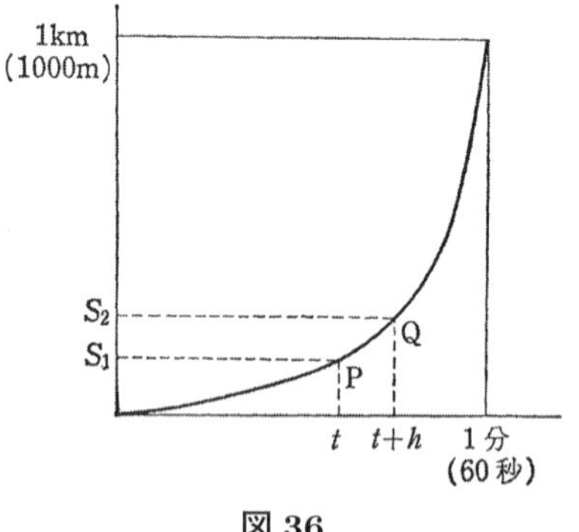

図 36

$$(*) \quad \frac{S_2 - S_1}{h} \qquad (\mathrm{km}/\text{分})$$

で与えられる．単位は km/分にしておいた．これは直線 PQ の傾きである．出発後，ちょうど t 分後の速度はと聞かれたら，速度計を見て，t 分後に針の指し示す場所を見るだろう．だが，実際は，針は止まることなく動いているのだから，これはあくまで近似的なものである．数学的に厳密にいうならば，h が 0 に近づくとき，$(*)$ の値の近づく先を，時刻 t における速度ということになるだろう．このようにして，時刻 t における速度という考えと，接線の傾きという考えが対応してくる．

質問　x が 0 から大きくなるとき，$y=x^2$ のグラフと，$y=x^3$ のグラフの上り具合は，微妙に違うようですが，このことを接線の傾きから説明できますか．

答　ひとまずできるといってよいだろう．$y=x^2$ のグラフと，$y=x^3$ のグラフをかいてみる．$0<p<1$ を満たす p をとり，$x=p$ を満たす $y=x^2$ 上の点を P，$y=x^3$ 上の点を Q とする．P での接線の傾きは $2p$ で，Q での接線の傾きは $3p^2$ である．したがって

$$2p>3p^2$$

のとき，すなわち

$$0<p<\frac{2}{3}$$

では，$y=x^2$ の方が急勾配で，$y=x^3$ の方が上り方が緩やかである．$p=\frac{2}{3}$ で 2 つのグラフの傾きは一致する．$p=\frac{2}{3}$ を過ぎると，$y=x^3$ の上り方が急になって，$p=1$ のとき，2 つのグラフは，点 $(1,1)$ で一致する．これから先は，もちろん，$y=x^3$ のグラフの方が $y=x^2$ のグラフより，はるかに急な傾きとなって上っていく．スキーの好きな人は，点 $(1,1)$ に立って，原点に向かってスキーで滑り下りていくとき，$y=x^2$ のグラフの斜面を選ぶか，$y=x^3$ のグラフの斜面を選ぶかというようなことを考えてみてほしい．それによって接線の傾きという考えで表わされる斜面の傾きを，少しは身近に感ずることができるのではなかろうか．いわば，斜面でのスキーの傾きが，(正負の符号の違いはあっても) 接線の傾きである．

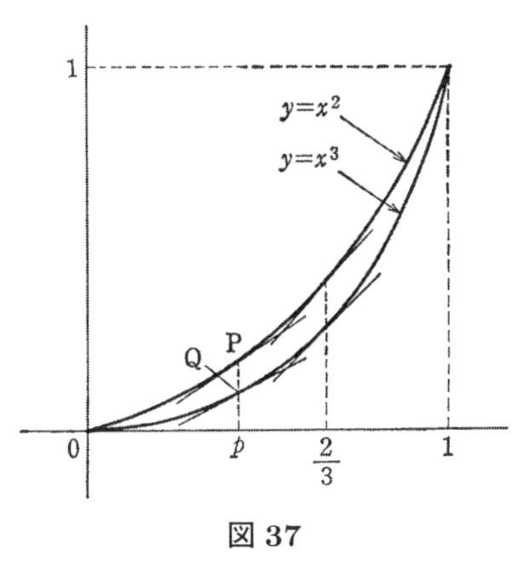

図 37

第 7 講

3 次関数と微分

テーマ
- ◆ 関数記号：$y = f(x)$　極限の記号：lim
- ◆ 微分の定義：$y = f(x)$ のグラフの接線の傾き
- ◆ 微分の和の公式
- ◆ 3 次関数の微分
- ◆ 導関数

関数記号

3 次関数 $y = ax^3 + bx^2 + cx + d$ が与えられたとき，この式が x と y の 1 つの関係を与えることに注目して

$$y = f(x)$$

とかく．

もちろん，このような記法は，3 次関数のときだけではなく，2 次関数や 1 次関数のときにも用いられる．

あとで見るように，$y = f(x)$ という記法は，実は一般に‘関数’を示す記法として広く用いられている．

【例 1】　$y = f(x) = x^3 + 2x - 1$ のとき

$f(0) = -1,\quad f(1) = 1^3 + 2 \times 1 - 1 = 2,\quad f(-3) = (-3)^3 + 2 \times (-3) - 1 = -34$

【例 2】　$y = f(x) = -5x^2 + 10$ のとき

$$f(0) = 10,\quad f(1) = -5 + 10 = 5,\quad f(-2) = -20 + 10 = -10$$

これから述べる，関数 $y = f(x)$ に対する微分の定義は，一般的な，広い範囲の関数に対して成り立つのだが，ここでは，$y = f(x)$ とかいたときには，ひとまず $f(x)$ は，3 次関数か，2 次関数か，1 次関数か，あるいは，定数関数 ($f(x) = c$ (定数)) とする．

極限 lim の記号

たとえば，h がどんどん 0 に近づくときに

$(*)\quad 2p+h \to 2p$　(近づく)

となることや

$(**)\quad 3p^2+h(3p+h) \to 3p^2$　(近づく)

ことを前に述べてきた．このようなとき，$(*)$ の場合には

h が 0 に近づくとき，$2p+h$ の極限値は $2p$ であるといい

$$\lim_{h\to 0}(2p+h)=2p$$

と表わし，$(**)$ のときには，

h が 0 に近づくとき，$3p^2+h(3p+h)$ の極限値は $3p^2$ であるといい

$$\lim_{h\to 0}(3p^2+h(3p+h))=3p^2$$

とかく．

ここで注意することは，$\lim\limits_{h\to 0}$ は，h がどんどん 0 に近づく状態を示しているのであるが，このとき h はけっして 0 になることはないと仮定していることである．したがってたとえば

$$\lim_{h\to 0}\frac{3h+h^2}{h}=\lim_{h\to 0}(3+h)=3$$

$$\lim_{h\to 0}\frac{6h^2-h^3}{h}=\lim_{h\to 0}(6h-h^2)=0$$

のように表わすことができる．なぜなら，$h\neq 0$ だから，たとえば $\left(3h+h^2\right)/h$ は，h で割って，式として常に $3+h$ に等しいからである．

lim の記号は，$\lim\limits_{h\to 0}$ という使い方だけではなくて，たとえば，h がどんどん 1 に近づく状況を示すときにも $\lim\limits_{h\to 1}$ のように使う．lim は英語 limit の略である．

微分の定義

$$\lim_{h\to 0}\frac{f(p+h)-f(p)}{h}$$

の値を，$f'(p)$ とかき，$x=p$ における f の微係数という．または単に p における f の微係数という．$f'(p)$ を求めることを，$f(x)$ を p で微分するという．

h がどんどん0に近づくとき，

$$\frac{f(p+h)-f(p)}{h}$$

の近づく先の値は，点 $(p, f(p))$ における $y=f(x)$ のグラフの接線の傾きとして，第5講，第6講で繰り返し述べてきたものである．上の定義は，このことを $\lim_{h\to 0}$ という記号を用いて，一般的に書き表わしたものにすぎない．この $f'(p)$ という記号に多少でもなれるために，第5講，第6講で述べたことを，この記号を用いてかくと，次のようになる．

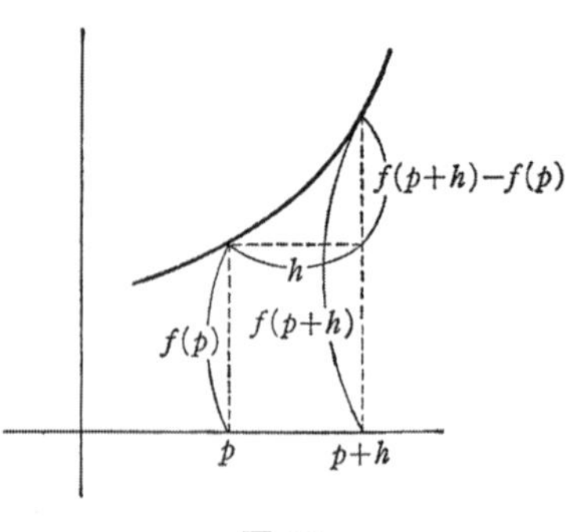

図 38

$y=f(x)=x^2$ のとき　$f'(p)=2p$
$y=f(x)=ax^2+bx+c$ のとき　$f'(p)=2ap+b$
$y=f(x)=x^3$ のとき　$f'(p)=3p^2$

【例】 $y=f(x)=ax+b$ のとき，$f'(p)$ を定義に従って求めてみよう．

$$f'(p)=\lim_{h\to 0}\frac{\{a(p+h)+b\}-(ap+b)}{h}=\lim_{h\to 0}\frac{ap+ah+b-ap-b}{h}$$
$$=\lim_{h\to 0}\frac{ah}{h}=\lim_{h\to 0}a=a$$

この最後の等号が成り立つことは，a は定数であって，h の値によらないことからわかる．したがって

$y=f(x)=ax+b$ のとき $f'(p)=a$

特に

$y=f(x)=x$ のとき $f'(p)=1$

(接線の傾きの意味を考えれば，これはほとんど明らかな結果である)

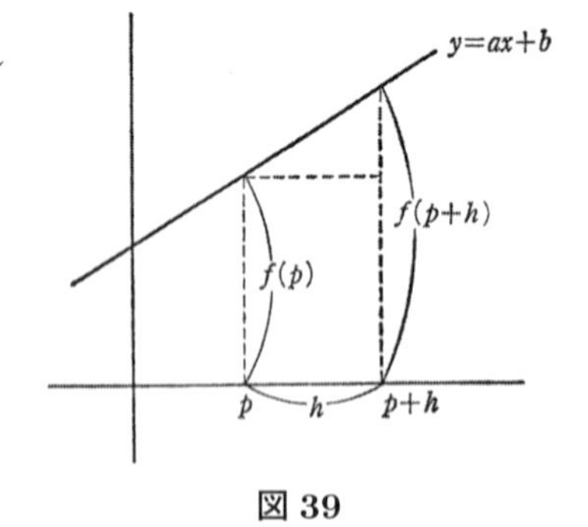

図 39

同じようにして

$$y = f(x) = c \text{ (定数) のとき } f'(p) = 0$$

もわかる．

公　　式

(I) $F(x) = f(x) + g(x)$ のとき，任意の p で
$F'(p) = f'(p) + g'(p)$

(II) $F(x) = af(x)$ のとき，任意の p で
$F'(p) = af'(p)$

公式 (I) でいっていることは，たとえば

$$f(x) = x^3, \quad g(x) = x^2$$

とすると，$F(x) = x^3 + x^2$ の p における微係数 $F'(p)$ を求めるには，$f'(p) = 3p^2$ と，$g'(p) = 2p$ を加えるだけでよいということである．したがっていまの場合

$$F'(p) = 3p^2 + 2p$$

となる．

公式 (II) でいっていることは，たとえば

$$f(x) = x^3, \quad a = -8$$

とすると，$F(x) = -8x^3$ の p における微係数 $F'(p)$ は，-8 と $f'(p)$ の積，すなわち

$$-8 \times 3p^2 = -24p^2$$

に等しいということである．

公式 (I)，(II) が成り立つことは，上の結果や前講の問 2 からも明らかのように見えるが，厳密な証明はあとの講義 (第 24 講) に回すことにする．まずここでは，公式 (I)，(II) を認めた上で，この使い方になれる方を先にしよう．

3 次関数の微分

x^3, x^2, x, c (=定数) の p における微係数が，それぞれ

$$3p^2,\ 2p,\ 1,\ 0$$

であることはすでに知っている．公式 (I)，(II) を用いると，このことから，任意の3次関数の p における微係数を直ちに求めることができる．

【例 1】 $f(x) = 3x^3 + x^2 - 5x + 1$ の p における微係数 $f'(p)$ を求めよ．

解　$f'(p) = 3 \times 3p^2 + 2p - 5 \times 1 + 0$
$= 9p^2 + 2p - 5$

【例 2】 $f(x) = -7x^3 + 6x^2 + 10x - 2$ の p における微係数 $f'(p)$ を求めよ．

解　$f'(p) = -7 \times 3p^2 + 6 \times 2p + 10 \times 1 - 0$
$= -21p^2 + 12p + 10$

一般に

> $f(x) = ax^3 + bx^2 + cx + d$ の p における微係数は
> $$f'(p) = 3ap^2 + 2bp + c$$

導　関　数

関数 $y = f(x)$ が与えられると，x のおのおのの値 p に対して，微係数 $f'(p)$ を考えることができる．ここで p をいろいろに変えてみる．p を変数として取り扱いたいので，記号を p から x に代える．そうすると，対応

$$x \longrightarrow f'(x)$$

は，点 x における $f(x)$ の微係数を対応させる対応である．この対応を

$$y = f'(x)$$

とかき，$f'(x)$ を $f(x)$ の導関数という．たとえば $y = x^3$ の導関数は $y = 3x^2$ であり（このことを $(x^3)' = 3x^2$ ともかく），x をいろいろに動かしたときのこの2つの関数の間の関係は，第6講の最後で詳しく述べておいた．

3次関数 $y = f(x) = ax^3 + bx^2 + cx + d$ の導関数は2次関数

$$f'(x) = 3ax^2 + 2bx + c$$

であり，たとえば $x = 1$ における $f(x)$ の微係数は

$$f'(1) = 3a + 2b + c$$

である．

2 次関数 $y = f(x) = ax^2 + bx + c$ の導関数は，1 次関数

$$f'(x) = 2ax + b$$

である．

特に，次のことは，基本的である．

$$(x)' = 1, \quad (x^2)' = 2x, \quad (x^3)' = 3x^2$$

問 1 次の関数の導関数を求めよ．

1) $y = 3x^3 - 2x^2 + 5x + 1$

2) $y = -6x^3 - 7x + 8$

問 2 $y = f(x)$ は 3 次関数で，

$$f'(x) = 2x^2 - 6x + 1, \quad f(0) = 5$$

を満たすとする．$f(x)$ はどんな 3 次関数か．

Tea Time

接線の式

$y = f(x)$ のグラフ上の点 $\mathrm{P}(p, q)$ $(q = f(p))$ における接線は，直観的にはよくわかる考えだとしても，接線を表わす直線の式をどのように表わすかは一つの問題である．接線の傾きという考えをもとにしながら，p における微係数 $f'(p)$ という考えに導かれた．

今度は逆に，微係数を出発点として，点 P における $y = f(x)$ の接線を点 $\mathrm{P}(p, q)$ を通って，傾きが $f'(p)$ の直線であると改めて定義することにする．この定義に従えば，第 3 講を思い出すと，接線を表わす直線の式はすぐにかくことができる．すなわち

$$y = f'(p)(x - p) + q$$

あるいは

$$y = f'(p)(x - p) + f(p)$$

この式を，点 $\mathrm{P}(p, q)$ における接線の式という．

質問　$(x^2)' = 2x$，$(x^3)' = 3x^2$ ですから，$x = 0$ を代入してみると，$y = x^2$ も，$y = x^3$ も原点で微分が 0 となります．つまり，両方とも接線の傾きが原点で 0 となる．しかし，$y = x^2$ の方は原点が‘谷底の点’(最小値をとる点) となっているのに，$y = x^3$ のグラフの方は，原点を通っても上り続けていくのはなぜでしょうか．

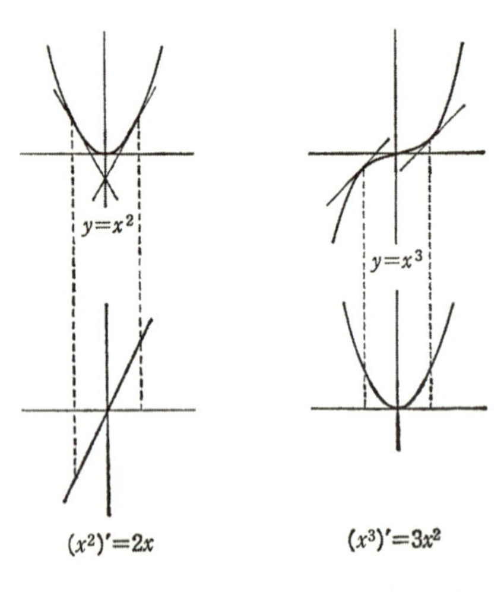

下のグラフの正負が上のグラフの傾き方に反映する

図 40

答　この理由は，x^2 と x^3 の導関数 $2x$ と $3x^2$ が原点を通るときの符号の違いから説明できる．$2x$ の符号は，$x < 0$ のとき負，$x = 0$ で一度 0 となって，次に $x > 0$ となると正となる．このことは，$y = x^2$ のグラフが原点を通るとき，下り坂から上り坂に転ずることを意味し，したがって原点は，‘谷底の点’となる．これに反し $3x^2$ の符号は，$x < 0$ のとき正，$x = 0$ で一度 0 になって次に $x > 0$ となると再び正となる．このことは，$y = x^3$ のグラフは，原点を通るとき，一瞬上り坂を終るが，すぐにまた上り坂が始まることを意味している．

この説明でわかるように，導関数‘$f'(x)$ の符号’が $y = f(x)$ のグラフの性質に密接に関係している．このことは次の講で詳しく述べる．

第 8 講

3 次関数のグラフ

テーマ

- ◆ 増加の状態と減少の状態
- ◆ 増加，減少の状態と導関数の符号
- ◆ 極大値，極小値の定義
- ◆ 極値をとる点で，微係数は 0 となる．
- ◆ 3 次関数のグラフ

増加の状態，減少の状態

関数 $y = f(x)$ が，$x = p$ で増加の状態にあるとは，十分小さい正数 h をとったとき，常に

$$f(p-h) < f(p) < f(p+h)$$

が成り立つことである．

関数 $y = f(x)$ が，$x = p$ で減少の状態にあるとは，十分小さい正数 h をとったとき，常に

$$f(p-h) > f(p) > f(p+h)$$

が成り立つことである．

グラフとの関係：$x = p$ で増加の状態にあるとは，p の近くで見る限り，p の右

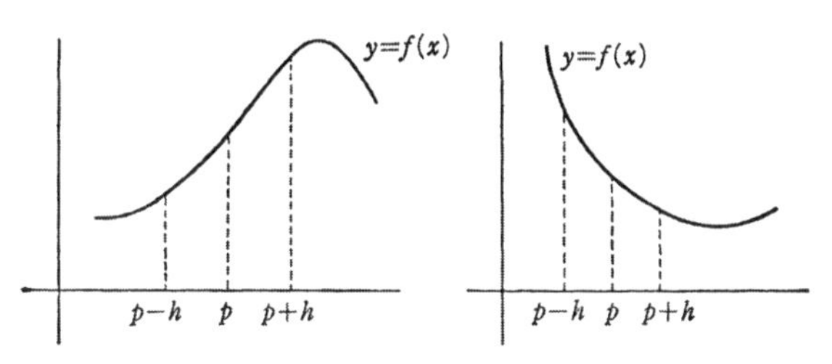

p で増加の状態　　　p で減少の状態

図 41

方ではグラフは $f(p)$ より高く，p の左方ではグラフは $f(p)$ より低いということである．減少の状態にあるときは，高低が逆になる．

【例】 $y=x^2$ では，$x<0$ のとき減少の状態にあり $x>0$ のとき増加の状態にある．

すべての点 x で増加の状態にある関数を単調増加の関数であるといい，すべての点 x で減少の状態にある関数を単調減少の関数であるという．

【例】 $y=x^3$ は単調増加の関数であり，$y=-x^3$ は単調減少の関数である．

増加，減少の状態と導関数の符号

関数 $y=f(x)$ において，

$f'(p)>0 \Longrightarrow f(x)$ は p で増加の状態にある

$f'(p)<0 \Longrightarrow f(x)$ は p で減少の状態にある

(記号 $\Longrightarrow$ は，'ならば' と読むとよい)

このことは，$f'(p)$ の符号が，$y=f(x)$ の，$x=p$ における接線の傾き——上り坂か下り坂か——を示していることから，ほとんど明らかであろう．

$f'(p)>0$ の場合に限って証明を試みるならば次のようになる．

$a=f'(p)$ とおく．仮定から $a>0$ である．$f'(p)$ の定義から

$$f'(p)=\lim_{h\to 0}\frac{f(p+h)-f(p)}{h}=a$$

であるが，$\lim\limits_{h\to 0}$ の意味を考えると，h が十分小さくなるとき (たとえば，$-h_0<h<h_0$ の範囲で)

$$\frac{f(p+h)-f(p)}{h}>\frac{1}{2}a \quad (>0)$$

とならなくてはならない．したがって

$0<h<h_0$ で $f(p+h)-f(p)>0$　　(分母が正に注意)

$-h_0<h<0$ で $f(p+h)-f(p)<0$　　(分母が負に注意)

このことは，p の右側でグラフは $f(p)$ より高くなっており，p の左側でグラフは $f(p)$ より低くなることを示している．$f(x)$ は $x=p$ で増加の状態にある．

極大・極小と導関数の符号の変化

関数 $y=f(x)$ が，$x=p$ で極大値をとるとは，十分小さい正数 h をとったとき，常に

$$f(p-h) < f(p), \quad f(p) > f(p+h)$$

が成り立つことである．

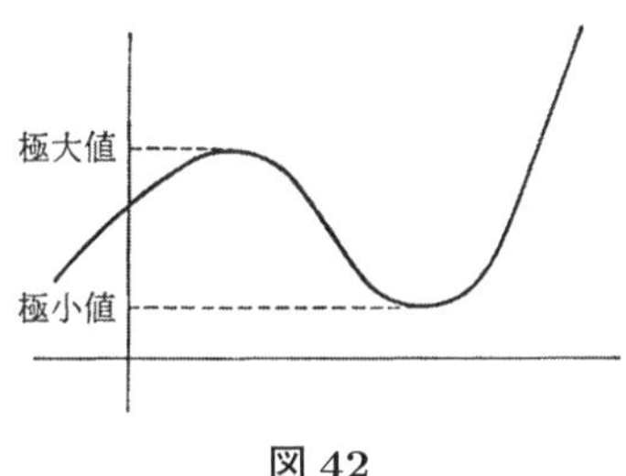

図 42

関数 $y=f(x)$ が，$x=p$ で極小値をとるとは，十分小さい正数 h をとったとき，常に

$$f(p-h) > f(p), \quad f(p) < f(p+h)$$

が成り立つことである．

グラフとの関係：$x=p$ で極大値をとるとは，$y=f(x)$ のグラフが $x=p$ で峠の頂きになっていることであり，$x=p$ で極小値をとるとは，グラフがそこで谷底の形をとることである．

> $y=f(x)$ が，$x=p$ で，極大値，または極小値をとるならば
>
> $$f'(p)=0$$
>
> である．

このことは，図 43 を見るとわかる．たとえば，$f(x)$ が $x=p$ で極大値をとると，グラフ上に P に近く左に点 Q，右に点 R をとってみると，直線 PQ の傾きは正，直線 PR の傾きは負，R が P に近づき，Q が P に近づくとき，この極限としての傾き，$f'(p)$ の値は，正と負の境の値 0 とならなくてはならない．

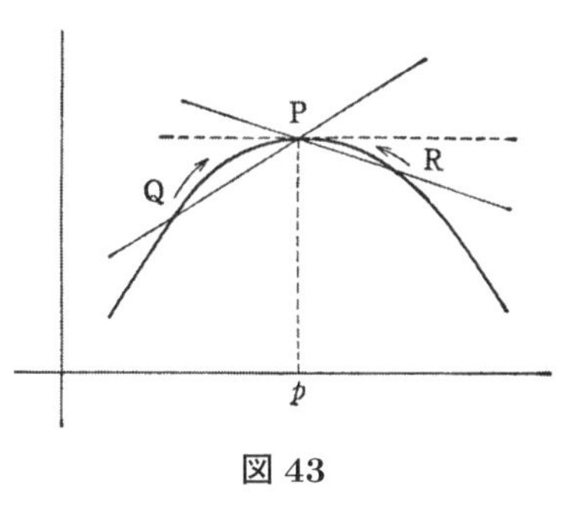

図 43

関数 $y=f(x)$ の $x=p$ の近くの模様を調べるため，p の近くでの導関数の符号を調べたところ

(I) p の左側では $\quad f'(x) > 0$
　　p の右側では $\quad f'(x) < 0$

となっていたとする．このとき $f(x)$ は $x=p$ で極大値をとる．

また

(II) p の左側では $\quad f'(x) < 0$
　　p の右側では $\quad f'(x) > 0$

となっていたとする．このとき $f(x)$ は $x=p$ で極小値をとる．

このことは，ほとんど明らかであろう．

(I) と (II) の状況を示すのに，

(I)

x		p	
y'	$+$	0	$-$
y	↗	極大	↘

(II)

x		p	
y'	$-$	0	$+$
y	↘	極小	↗

のように表示することが多い．

3次関数のグラフ

これらのことを用いて，3次関数が与えられたとき，グラフのおおよその形をかくことができる．

【例1】 $y=2x^3-9x^2+12x-4$ のグラフをかけ．

解　$y'=6x^2-18x+12=6(x^2-3x+2)=6(x-1)(x-2)$

したがって x,y',y の関係は右のようになる．$x=1$ のとき，$y=1$；$x=2$ のとき，$y=0$；$x=0$ のとき $y=-4$ に注意すると，グラフは図44のようになる．

x		1		2	
y'	$+$	0	$-$	0	$+$
y	↗		↘		↗

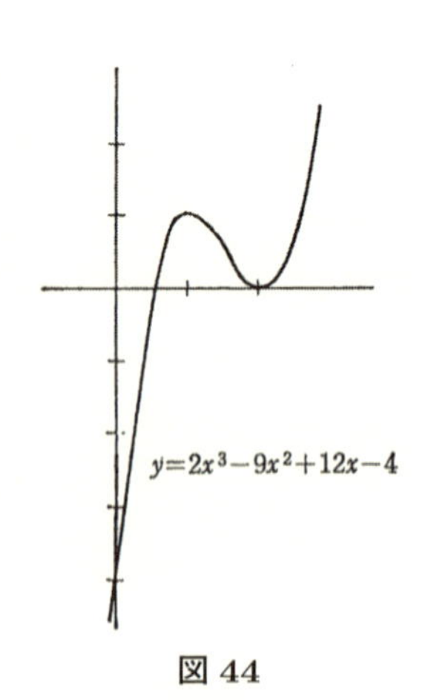

図44

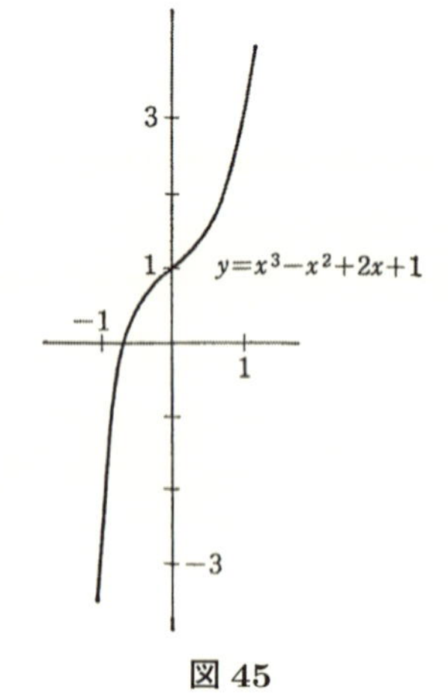

図45

【例 2】 $y = x^3 - x^2 + 2x + 1$ のグラフをかけ.

解 $y' = 3x^2 - 2x + 2$

2 次式 $3x^2 - 2x + 2$ の判別式は $2^2 - 4 \times 3 \times 2 = -20 < 0$ である. したがって $y' > 0$ で, y は単調増加である. $x = -1, 0, 1$ のとき y の値は $-3, 1, 3$ である. これらのことに注意してグラフをかくと, 図 45 のようになる.

注意 第 6 講, 問 1 をみると, いまの場合 $x = \frac{1}{3}$ のところにあるグラフ上の点 P $\left(\frac{1}{3}, \frac{43}{27}\right)$ を中心にして, グラフは点対称になっていることがわかる. この点 P のところで, グラフの彎曲は, 上に凸から下に凸へと, 微妙に変わっている.

【例 3】 $y = -x^3 - 3x^2 + 9x + 5$ のグラフをかけ.

解 $y = f(x)$ とおく.

$$f'(x) = -3x^2 - 6x + 9 = -3(x^2 + 2x - 3)$$
$$= -3(x + 3)(x - 1)$$

したがって

x		-3		1	
y'	$-$	0	$+$	0	$-$
y	↘	極小	↗	極大	↘

$f(-3) = -22, \quad f(0) = 5$

$f(1) = 10$

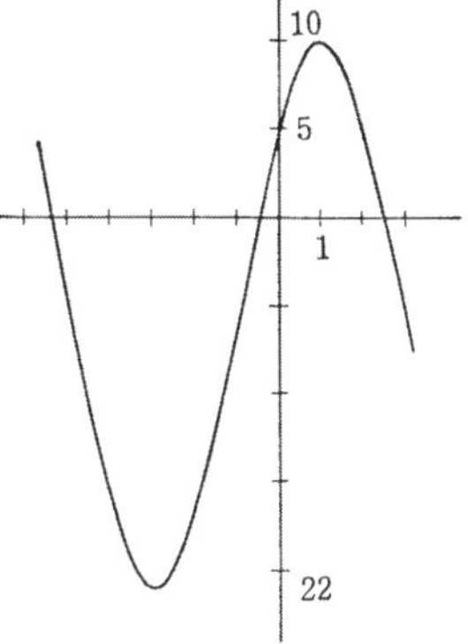

$y = -x^3 - 3x^2 + 9x + 5$

図 46

したがってグラフは図 46 のようになる (y 座標は, x 座標に比べ, 座標間の目盛りを少し短くしてある).

Tea Time

3 次関数 $y = f(x)$ と, $f'(x)$ の判別式

3 次関数

$$y = ax^3 + bx^2 + cx + d$$

を微分すると, 導関数として 2 次式

$$3ax^2 + 2bx + c$$

が得られる. この判別式 $D = 4b^2 - 4 \times 3ac = 4(b^2 - 3ac)$ の符号によって, y'

が正負の値をとるか，一定の符号をもつかが決まり，そのことが y のグラフの様子に反映する．この関係は次のようである．

D	>0	<0
y'	正の値も負の値もとる	常に正か $(a>0)$，常に負 $(a<0)$
y	極大値，極小値をもつ	単調増加か単調減少
例	例 1,3	例 2

x		α	
y'	$+$	0	$+$
y	$\nearrow$		$\nearrow$

$D=0$ のとき，$3ax^2+2bx+c=0$ は重解 α をもち $3ax^2+2bx+c=3a(x-\alpha)^2$ となる．したがって，たとえば $a>0$ のときに，$y'\geqq 0$ で，y' の符号変化はなく，y は単調に増加する．ただ $x=\alpha$ のときにグラフの接線の傾きは0となる．この場合の最も典型的な例は $y=x^3$ である (第7講，Tea Time 質問の項参照).

質問　この講義の最初で述べられた，‘$x=p$ において増加の状態にある’ という定義に少し疑問を感じました．この定義では，図47のような場合にも $x=p$ において増加の状態となり，これでは増加していく感じを十分示していないように思います．

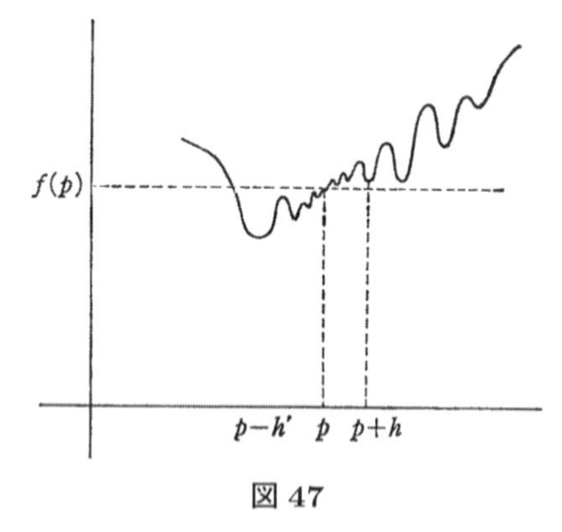

図 47

答　その通りである．増加の状態とよぶ以上，実際はグラフが本当に上っていくような状況を表わしたいのである．しかしそのためには，p を1つとって定義したのでは不十分である．ある区間のすべての x で増加の状態にあるとき，その区間で増加の状態にあるという定義にはじめからしておいた方がよい．だが，いまのように，主に3次関数を取り扱う場合には，図47のようなことは起きないので，$x=p$ における増加の状態という，いわば中間的な定義から出発したのである．

第 9 講

多項式関数の微分

テーマ
- ◆ n 次の多項式関数
- ◆ 関数の積を微分する公式
- ◆ $y = x^n$ の導関数
- ◆ 多項式の微分
- ◆ $y = x^n$ のグラフ

n 次の多項式関数

x と y との関係が，x^4, x^3, x^2, x を用いて表わされる式

$$y = ax^4 + bx^3 + cx^2 + dx + e \quad (a \neq 0)$$

で与えられるとき，y は x の 4 次関数という．

同様にして，5 次関数，6 次関数などを定義することができる．一般に

$$a_0x^n + a_1x^{n-1} + \cdots + a_n \quad (a_0 \neq 0)$$

という式を n 次の多項式という．ここで x を変数とみて，この式の値を y とおいて，

$$y = a_0x^n + a_1x^{n-1} + \cdots + a_n \quad (a_0 \neq 0)$$

を，x の関数と考えたとき，y を x の n 次の多項式関数という．

公　　式

n 次の多項式関数の導関数を求めるためには，第 7 講で述べた微分の公式のほかに，さらに，2 つの関数の積を微分する公式が入用となる．

(III)　$F(x) = f(x)g(x)$ のとき

$$F'(x) = f'(x)g(x) + f(x)g'(x)$$

この公式は簡単に

$$(fg)' = f'g + fg'$$

と表わされることが多い．

公式 (III) の証明の大体を与えておこう：

$$\begin{aligned} F'(x) &= \lim_{h\to 0}\frac{f(x+h)g(x+h)-f(x)g(x)}{h} \\ &= \lim_{h\to 0}\frac{f(x+h)g(x+h)-f(x)g(x+h)+f(x)g(x+h)-f(x)g(x)}{h} \\ &= \lim_{h\to 0}\frac{(f(x+h)-f(x))g(x+h)+f(x)(g(x+h)-g(x))}{h} \\ &= \lim_{h\to 0}\frac{f(x+h)-f(x)}{h}g(x+h)+\lim_{h\to 0}f(x)\frac{g(x+h)-g(x)}{h} \end{aligned}$$

ここで第1項の中にある $g(x+h)$ は，$h\to 0$ のとき，$g(x)$ に近づくことに注意しよう．したがって上式は

$$f'(x)g(x)+f(x)g'(x)$$

となる．これで証明された．

$y = x^n$ の導関数

公式 (III) を用いると，すでに知っている結果 $(x^2)' = 2x$，$(x^3)' = 3x^2$ は，$(x)' = 1$ という結果から，実は直ちに導くことができる．

実際，公式 (III) で $f(x) = g(x) = x$ とおくと

$$\begin{aligned} (x^2)' &= (x\cdot x)' = (x)'\cdot x + x\cdot (x)' \\ &= 1\cdot x + x\cdot 1 = 2x \end{aligned}$$

また公式 (III) で，$f(x) = x^2$，$g(x) = x$ とおき，いま得られた結果 $(x^2)' = 2x$ をすぐに使ってみると

$$\begin{aligned} (x^3)' &= (x^2\cdot x)' = (x^2)'\cdot x + x^2\cdot (x)' \\ &= 2x\cdot x + x^2\cdot 1 = 3x^2 \end{aligned}$$

以前，この結果を第5講，第6講で求めたときに比べると，この導き方はまことに簡明である．これは公式 (III) の有効性を示している．

同じようにして，x^4, x^5 の導関数を順次求めていくことができる．

$$\begin{aligned} (x^4)' &= (x^3\cdot x)' = (x^3)'\cdot x + x^3\cdot (x)' \\ &= 3x^2\cdot x + x^3\cdot 1 = 4x^3 \end{aligned}$$

x^4 を $x^4 = x^2\cdot x^2$ と考えて公式 (III) を使っても，同じ結果が出るだろうかとちょっと考え

てみる人がいるかもしれない．念のため計算してみると

$$(x^4)' = (x^2 \cdot x^2)' = 2x \cdot x^2 + x^2 \cdot 2x = 4x^3$$
$$(x^5)' = (x^4 \cdot x)' = (x^4)' \cdot x + x^4 \cdot (x)'$$
$$= 4x^3 \cdot x + x^4 \cdot 1 = 5x^4$$

これらの結果を見ると，誰でも，x^n の導関数について次の公式を予想するだろう．

$$(x^n)' = nx^{n-1}$$

この公式の証明：　この公式が $n = 1, 2, 3, 4, 5$ で成り立つことは，すでに上で知っている．いまこの公式がさらに $n = 6, 7, \ldots, k-1$ まで成り立ったとしよう．そのとき

$$(x^k)' = (x^{k-1} \cdot x)' = (x^{k-1})' \cdot x + x^{k-1} \cdot (x)'$$
$$= (k-1)x^{k-2} \cdot x + x^{k-1} \cdot 1$$
$$= (k-1)x^{k-1} + x^{k-1} = kx^{k-1}$$

となり，上の公式は $n = k$ でも成り立つことがわかる．このことから，上の公式が成り立つような n の値 k は，1 から出発して，途中で止まることなく，どこまでも続いていくことがわかる．したがって，上の公式はすべての $n = 1, 2, 3, \ldots$ で成り立つことが証明された (数学的帰納法の考え方による証明法)．

多項式関数の微分

$(x^n)' = nx^{n-1}$ がわかると，与えられた多項式を微分して導関数を求めることは，すぐにできるようになる．

【例 1】　$y = 3x^6 - 4x^3 + x + 1$ のとき

$$y' = (3x^6 - 4x^3 + x + 1)' = (3x^6)' + (-4x^3)' + (x)' + (1)'$$
$$= 3 \times 6x^5 - 4 \times 3x^2 + 1 = 18x^5 - 12x^2 + 1$$

【例 2】　$y = -8x^{13} + 9x^8 - x^2 + 3x$ のとき

$$y' = -8 \times 13x^{12} + 9 \times 8x^7 - 2x + 3$$
$$= -104x^{12} + 72x^7 - 2x + 3$$

一般に $y = a_0x^n + a_1x^{n-1} + a_2x^{n-2} + \cdots + a_{n-1}x + a_n$ のとき

$$y' = na_0x^{n-1} + (n-1)a_1x^{n-2} + (n-2)a_2x^{n-3} + \cdots + a_{n-1}$$

特に，n 次の多項式を微分すると，$(n-1)$ 次の多項式となることがわかる．

多項式関数のグラフ

与えられた多項式関数のグラフの概形をかくことは，多項式の次数が少し高くなると，特殊なものは別として，一般的には非常に難しく，ほとんど不可能に近いことになる．ここでは，ごく基本的なことだけ述べておこう．

多項式関数の中で最も基本的なものは

$$y = x^n, \quad n = 1, 2, 3, \ldots$$

である．このグラフは，すべて原点と点 P(1,1) を通る．$y' = nx^{n-1}$ という公式は，たとえば $y = 3x^2$ の様子がわかると，$y = x^3$ のグラフの傾く様子がわかるというように，次数の 1 つ低いグラフ $y = nx^{n-1}$ がかけると，$y = x^n$ のグラフの接線の傾きの様子がかなり正確にわかることを意味している．しかしここでの説明はそこまで立ち入らない．

(I)　n が偶数のとき：　$n = 2m$

このとき $y = x^n = (x^m)^2 \geqq 0$ より，グラフは原点以外，x 軸より上にある．また，$(-x)^{2m} = (-1)^{2m}x^{2m} = x^{2m}$ より，グラフは y 軸に関して対称．

$0 < x < 1$ では $x^2 > x^4 > x^6 > \cdots$ だから，$y = x^2$ のグラフより，$y = x^4$ のグラフが下方を走り，その下を x^6 のグラフが走り，以下，次から次へと下方を走っていくようになる．

$x > 1$ では，$x^2 < x^4 < x^6 < \cdots$ だから，今度はグラフの上下の関係が逆転する (図 48)．

(II)　n が奇数のとき：　$n = 2m + 1$

このとき $y = x^{2m+1} = (x^m)^2 \cdot x$ で $(x^m)^2 \geqq 0$ だから，y の正負は x の正負と一致し，$x < 0$ ならば $y < 0$，$x > 0$ ならば $y > 0$．$y' = nx^{n-1} = nx^{2m} \geqq 0$ だから y は単調増加．また点 (x, y) がグラフ上にあれば，$(-x, -y)$ もグラフ上にあるから ($y = x^{2m+1} \Leftrightarrow -y = -x^{2m+1} \Leftrightarrow -y = (-x)^{2m+1}$)，グラフは原点に関し点対称である．$x > 0$ のとき，$x, x^3, x^5, x^7, \ldots$ のグラフの上下関係は，$x^2, x^4, x^6, \ldots$ と同様である (図 49)．

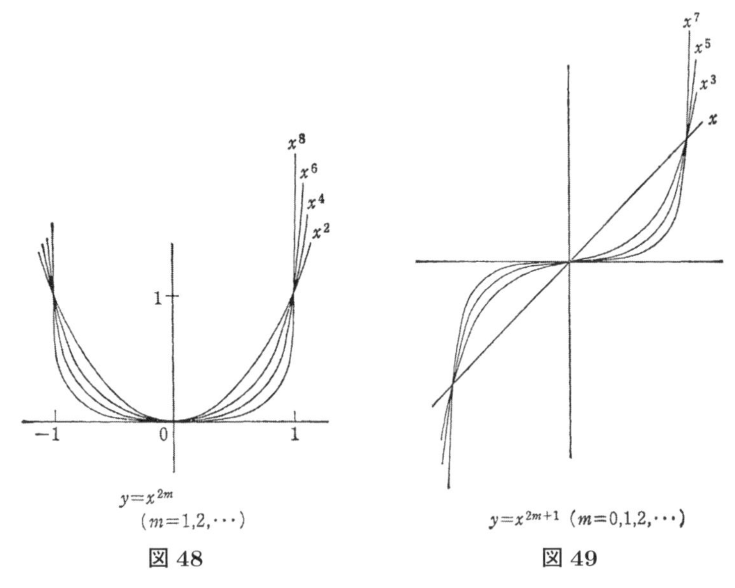

図 48 **図 49**

もう少し一般の場合については，Tea Time 参照.

問 1 次の関数を微分せよ.

1) $y = -7x^5 + x^3 + 2x - 6$

2) $y = x^{100} - 8x^{50} + x^2$

問 2 1) 3 つの関数 f, g, h の積の微分は

$$(fgh)' = f'gh + fg'h + fgh'$$

で与えられることを示せ.

2) n 個の関数 $f_1, f_2, f_3, \ldots, f_n$ の積の微分は

$$(f_1f_2f_3\cdots f_n)' = f_1'f_2f_3\cdots f_n + f_1f_2'f_3\cdots f_n + f_1f_2f_3'\cdots f_n + \cdots + f_1f_2f_3\cdots f_n'$$

で与えられることを示せ.

3) 2) で特に $f_1 = f_2 = f_3 = \cdots = f_n = x$ とおくと $(x^n)' = nx^{n-1}$ が導かれることを示せ.

Tea Time

n 次の多項式関数のグラフの概形

n 次の多項式関数の中で，x^n の係数が 1 である関数

1)　$y = x^n + a_1 x^{n-1} + a_2 x^{n-2} + \cdots + a_n$

を考えることにする．この関数を

2)　$y = x^n \left(1 + \frac{a_1}{x} + \frac{a_2}{x^2} + \cdots + \frac{a_n}{x^n}\right)$

とかき直してみる．x の絶対値がどんどん大きくなると (すなわち x が数直線上，右または左へどんどん進んでいくと)，$\frac{1}{x}, \frac{1}{x^2}, \ldots, \frac{1}{x^n}$ は 1 に比べて急速に小さな数となっていく．たとえば $x = 100$ のとき

$$\frac{1}{x} = 0.01, \quad \frac{1}{x^2} = 0.0001, \quad \frac{1}{x^3} = 0.000001, \quad \ldots$$

$a_1, a_2, \ldots, a_n$ は決まった定数だから，このことは，x の絶対値が大きくなると，2) 式の右辺の括弧の中で，2 項目以下からの影響をほとんど無視できることを意味している．したがって，x の絶対値が十分大きい所では，1) 式のグラフは，大体 $y = x^n$ のグラフの形に近くなる．したがって 1) 式のグラフは，n が偶数か奇数かで，まったく違った形となる．

一方，y' は $n-1$ 次式で，$y' = 0$ となる x は，高々 $n-1$ 個しかないことが知られている．したがって y が極大値か極小値をとる場所は，高々 $n-1$ 個しかない．このことから 1) 式のグラフの概形は，図 50 のようになることがわかる．具体的に多項式が与えられたとき，このグラフが波打つ正確な状況は，一般には把握しにくいのである．

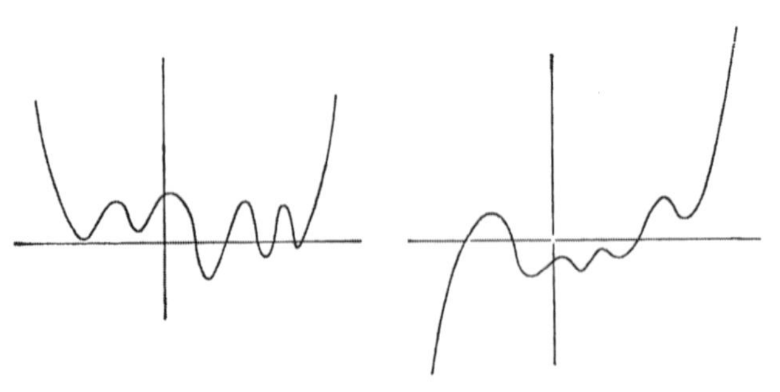

(最高次の係数 1)

図 50

質問　異なる 2 点を通る直線はただ 1 本です．このことはグラフでいえば，1 次関数は，異なる 2 つの x の値 α_1, α_2 でとる値が決まれば，完全に決まるということです．以前どこかで聞いたことがあるのですが，同じように n 次の多項式で表わされる関数は，相異なる $n+1$ 個の x の値 $\alpha_1, \alpha_2, \ldots, \alpha_{n+1}$ でとる値が決まれば，完全に決まるそうです．これはどういうことでしょうか．

答　これは剰余定理というものからわかる．剰余定理によれば，高々 n 次の多項式 $f(x)$ が相異なる $\beta_1, \beta_2, \ldots, \beta_n$ で 0 となれば

$$f(x) = a(x-\beta_1)(x-\beta_2)\cdots(x-\beta_n) \quad (a \text{ は } 0 \text{ かもしれない})$$

と表わされることが知られている．いま $\alpha_1, \alpha_2, \ldots, \alpha_{n+1}$ のとき値が一致する 2 つの n 次多項式 $\mathrm{P}(x)$，$\mathrm{Q}(x)$ をとり，このことを $f(x) = \mathrm{P}(x) - \mathrm{Q}(x)$ と $\alpha_1, \alpha_2, \ldots, \alpha_n$ に適用してみる．そのとき

$$\mathrm{P}(x) - \mathrm{Q}(x) = a(x-\alpha_1)(x-\alpha_2)\cdots(x-\alpha_n)$$

となる．仮定から

$$0 = \mathrm{P}(\alpha_{n+1}) - \mathrm{Q}(\alpha_{n+1}) = a(\alpha_{n+1}-\alpha_1)(\alpha_{n+1}-\alpha_2)\cdots(\alpha_{n+1}-\alpha_n)$$

$\alpha_1, \alpha_2, \ldots, \alpha_{n+1}$ は相異なるから，このことが成り立つのは $a=0$ のとき，すなわち

$$\mathrm{P}(x) \equiv \mathrm{Q}(x)$$

のときに限る．すなわち，相異なる $n+1$ 個の値で同じ値をとる P と Q は，すべての x で完全に一致してしまう．これで質問に答えたことになる．

第 10 講

有理関数と簡単な無理関数の微分

テーマ

- ◆ 有理関数
- ◆ 関数の商を微分する公式
- ◆ 有理関数の微分
- ◆ $y=\sqrt{x}$, $y=\sqrt[3]{x}$

有 理 関 数

2つの多項式の商として表わされる

$$y=\frac{x}{x+1},\quad y=\frac{8x^3-6x^2-x}{3x^2+5x-1},\quad y=\frac{5x^2}{-x^{10}+8x^3}$$

のような関数を有理関数という (多項式は，分母が定数関数1であるような有理関数の特別な場合であると考える).

有理関数の一般的な形は次のように表わされる.

$$y=\frac{a_0x^n+a_1x^{n-1}+\cdots+a_{n-1}x+a_n}{b_0x^m+b_1x^{m-1}+\cdots+b_{m-1}x+b_m}$$

なお，定数関数も有理関数と考える.

公　　式

有理関数の導関数を求めるために，2つの関数の商として表わされる関数の導関数を求める，一般的な微分の公式を示しておく.

(IV) $\displaystyle\left(\frac{1}{g(x)}\right)'=-\frac{g'(x)}{\{g(x)\}^2}$

(V) $\displaystyle\left(\frac{f(x)}{g(x)}\right)'=\frac{f'(x)g(x)-f(x)g'(x)}{\{g(x)\}^2}$

これらの公式は，簡単に

$$\left(\frac{1}{g}\right)' = -\frac{g'}{g^2}, \quad \left(\frac{f}{g}\right)' = \frac{f'g - fg'}{g^2}$$

と表わされることが多い．

公式 (IV)，(V) は，第 9 講で述べた積の微分の公式 (III) から導かれる．

(IV) の証明：　恒等式

$$1 = g(x) \cdot \frac{1}{g(x)}$$

の両辺を微分する．このとき右辺には公式 (III) を適用する．

$$0 = \left(g(x) \cdot \frac{1}{g(x)}\right)' = g'(x) \cdot \frac{1}{g(x)} + g(x) \cdot \left(\frac{1}{g(x)}\right)'$$

移項して

$$g(x) \cdot \left(\frac{1}{g(x)}\right)' = -g'(x) \cdot \frac{1}{g(x)}$$

両辺を $g(x)$ で割って

$$\left(\frac{1}{g(x)}\right)' = -\frac{g'(x)}{\{g(x)\}^2}$$

これで (IV) が示された．

(V) の証明：　(IV) の結果を用いて略記してかくと

$$\begin{aligned}\left(\frac{f}{g}\right)' = \left(f \cdot \frac{1}{g}\right)' &= f' \cdot \frac{1}{g} + f \cdot \left(\frac{1}{g}\right)' \\ &= f' \cdot \frac{1}{g} - f \cdot \frac{g'}{g^2} \\ &= \frac{f'g - fg'}{g^2}\end{aligned}$$

これで (V) の証明が示された．

有理関数の微分

多項式の微分は知っているから，公式 (V) を用いると任意の有理関数を微分して導関数を求めることは，簡単にできるようになる．

【例 1】

$$\left(\frac{3x-5}{x^2+x+2}\right)' = \frac{(3x-5)'\left(x^2+x+2\right)-(3x-5)\left(x^2+x+2\right)'}{\left(x^2+x+2\right)^2}$$
$$= \frac{3\left(x^2+x+2\right)-(3x-5)(2x+1)}{\left(x^2+x+2\right)^2}$$
$$= \frac{-3x^2+10x+11}{\left(x^2+x+2\right)^2}$$

【例 2】

$$\left(\frac{x^2+1}{x^5-x^3}\right)' = \frac{2x\left(x^5-x^3\right)-\left(x^2+1\right)\left(5x^4-3x^2\right)}{\left(x^5-x^3\right)^2}$$
$$= \frac{-3x^6-4x^4+3x^2}{\left(x^5-x^3\right)^2}$$
$$= \frac{-3x^4-4x^2+3}{x^4\left(x^2-1\right)^2}$$

この例からもわかるように

有理関数の導関数は有理関数である.

簡単な無理関数の微分

無理関数 $y=\sqrt{x}$ を微分することを考えよう．$\sqrt{x}$ は $x \geqq 0$ のところで定義されていて

$$x=(\sqrt{x})^2$$

である．積の微分公式 (III) を用いて $x=\sqrt{x}\cdot\sqrt{x}$ の両辺を微分すると

$$1=(\sqrt{x})'\sqrt{x}+\sqrt{x}(\sqrt{x})'=2\sqrt{x}(\sqrt{x})'$$

したがって

$$\boxed{(\sqrt{x})'=\frac{1}{2\sqrt{x}}}$$

が得られた.

この結果をグラフの上から説明することを試みてみよう．まず $\sqrt{x}$ の定義から

$$y = \sqrt{x} \Longleftrightarrow x = y^2$$
$$(y \geqq 0)$$

が成り立つことに注意しよう．したがって $y = \sqrt{x}$ のグラフは，x 座標と y 座標を入れ換えた形で，放物線 $x = y^2$ の上半分を x 軸の上にかくとよい．

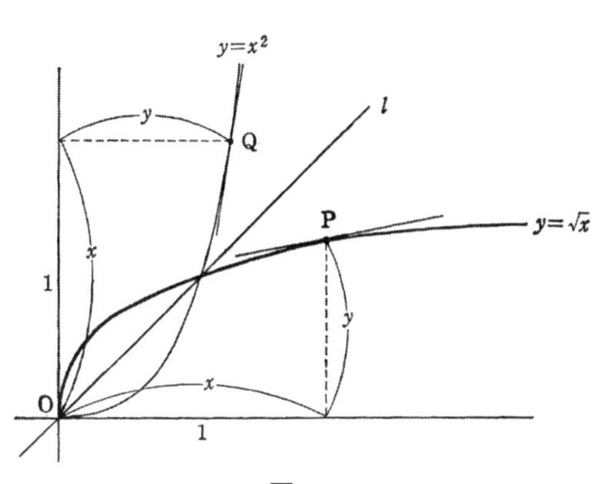

図 51

図 51 では，$y = \sqrt{x}$ のグラフと，$y = x^2$ のグラフの片方の半分だけかいてある．この 2 つのグラフは，$y = x$ という直線 l に関し対称の位置にある．点 P における $y = \sqrt{x}$ の接線の傾きを知りたいのだが，そのため，l に関して対称な位置にある点 Q における $y = x^2$ の接線の傾きに注目する．この傾きは $2y$ である (Q の座標は (y, y^2) に注意)．このとき図 52 からわかるように，点 P における接線の傾きは $\dfrac{1}{2y}$ となる．したがって $y = \sqrt{x}$ に注意すると

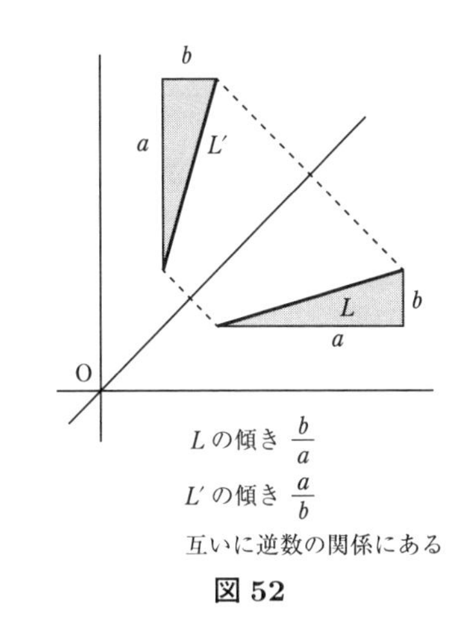

L の傾き $\dfrac{b}{a}$

L' の傾き $\dfrac{a}{b}$

互いに逆数の関係にある

図 52

$$点 \mathrm{P} における接線の傾き = \frac{1}{2\sqrt{x}}$$

となり，これは前に求めた結果と一致している．

同じような考えで

$$y = \sqrt[3]{x}$$

の導関数を求めることもできる．このときは

$$x = (\sqrt[3]{x})^3 = \sqrt[3]{x} \cdot \sqrt[3]{x} \cdot \sqrt[3]{x}$$

の両辺を微分する (第 9 講，問 2 1) 参照)．そうすると

$$1 = 3(\sqrt[3]{x})' \cdot \sqrt[3]{x} \cdot \sqrt[3]{x} = 3(\sqrt[3]{x})' \sqrt[3]{x^2}$$

という結果が得られ，

$$(\sqrt[3]{x})' = \frac{1}{3}\frac{1}{\sqrt[3]{x^2}}$$

となることがわかった．この右辺は，指数を使って

$$\frac{1}{3}x^{-\frac{2}{3}}$$

とかいておいた方が簡明である．

この結果を，前と同様に $y = x^3$ のグラフの接線と見比べて導くことは，読者に任せよう．

問 1　次の関数を微分せよ．

1)　$y = \frac{x^3}{x^2+5x+1}$

2)　$y = \frac{6}{x+1} + 8\sqrt{x}$

3)　$y = \frac{\sqrt{x}}{x^3+x+1}$

問 2　次の関数のグラフをかけ．

$y = \frac{x}{x^2-5x+6}$

Tea Time

有理関数のグラフ

有理関数

$$y = \frac{x^n + a_1x^{n-1} + \cdots + a_n}{x^m + b_1x^{m-1} + \cdots + b_m}$$

のグラフについて少し述べておこう．一般に分母が $x = \beta$ で 0 になるとき，もし分子がそこで同時に 0 にならなければ (すなわち，分母と分子に共通因数 $(x-\beta)$ がなければ)，グラフは $x = \beta$ の近くで図 53 のようになる．x が β に近づくとき，分母はいくらでも小さくなり，$|y|$ の値は限りなく大きくなる．

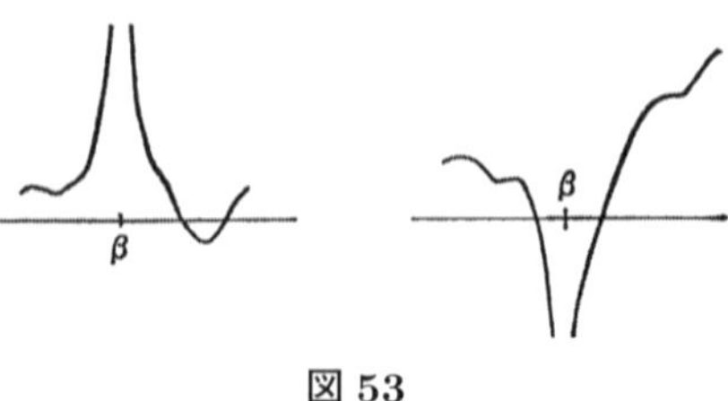

図 53

正または負の方向に限りなく大きくなる状況を ∞ で表わせば，この状態は $\lim_{x\to\beta} y = \infty$ と表わされる．このような場所は，分母が0となる場所だから，高々分母の次数 m 個しかない．

また

$$y' = \frac{(x^n+\cdots)'(x^m+\cdots)-(x^n+\cdots)(x^m+\cdots)'}{(x^m+b_1x^{m-1}+\cdots)^2}$$

から，y' の分子は高々 $m+n-1$ 次式である．y の増減の様子は，y' の符号から調べられるが，分母 $\geqq 0$ だから，分子の符号の変化する状況を調べるとよい．y' の分子が0となる所は高々 $m+n-1$ 個の点だから，y' の符号が $+0-$, $-0+$ と変わる場所も高々 $m+n-1$ 個である．したがって y のグラフが波打つ場所も高高 $m+n-1$ だけである．

$|x|$ が大きくなるとき (この状況を $x \to \infty$ とかく) の模様は，

i)　$m > n$ ならば，$x \to \infty$ のとき，$y \to 0$.

ii)　$m = n$ ならば，$x \to \infty$ のとき，$y \to 1$.

iii)　$m < n$ ならば，$x \to \infty$ のとき，グラフはしだいに $y = x^{n-m}$ のグラフの様子に近づいてくる．したがって $n-m$ が偶数か，奇数かで形が大きく違う．

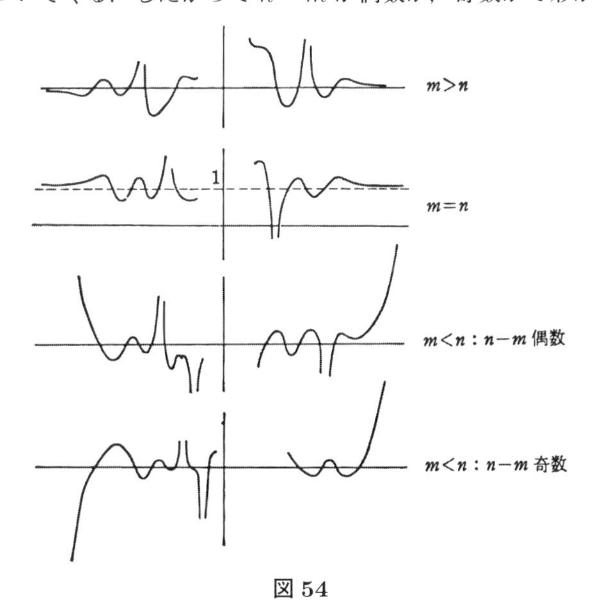

図 54

i), ii) を見るには分母，分子を x^n で割り，iii) を見るには，分母，分子を x^m で割って，$x \to \infty$ のときの，大きさの度合いを見るとよい (第9講，Tea Time

参照).

質問　有理関数のグラフについて，上の説明を聞いて思ったのですが，有理関数のグラフが波打つ場所は有限個ですから，どこまでも波打つような図 55 のようなグラフは，有理関数では絶対表わせないのでしょうか．

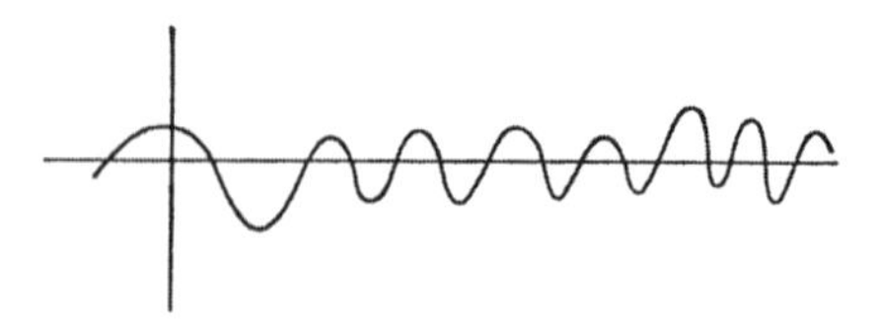

図 55

答　その通りである．自然現象の観測などから現われる関数の中で，有理関数で表わされるようなものは，ごく特別なものに限られる．これからは，有理関数では表わせない関数の中で，最も基本的な，三角関数，指数関数，対数関数などについて，微分の性質を調べていきたい．

第 11 講

三 角 関 数

テーマ

◆ 角度の測り方：弧度 (角と円弧との関係)

◆ 角の正負

◆ $\cos\theta$，$\sin\theta$ の定義

◆ $y=\cos\theta$，$y=\sin\theta$，$y=\tan\theta$ のグラフ

◆ $\displaystyle\lim_{\theta\to 0}\frac{\sin\theta}{\theta}=1$

角度の単位—弧度—

角の単位としては，ふつうは，正三角形の頂角を 60°，直角を 90° とする'度'をとるが，考えてみると，直角のようなきちっとした角を，角度の 1 単位としないで，90° のような中途半端な数をもってきたのは，妙なことである．これは古代の 60 進法の名残りであろう．ここでは改めて，角の単位を新しく導入したい．その 1 つの目標として，この新しい単位では

(A) 90°，180°，270°，360°，720° などが，ある単位の基準となっていることが明確になる．

(B) 角の単位が，円にも関係するようにしたい．

(B) の要請は，角は主に三角形とか多角形に関係するのだが，角の単位の導入の中に，円も取り込んでおくことにより，角の考えの適用範囲をさらに円にまで広げておきたいからである．

この (A)，(B) の要請を満たすものとして弧度がある．弧度は次のように定義される．座標平面上に，原点中心，半径 1 の円 C を描いておく．この円 C は x 軸の正の部分と，点 P $(1, 0)$ で交わる．原点を起点とする半直線 l が与えられたとする．l と C との交点を Q とする．半直線 l が x 軸の正の向きとなす角の弧度とは，点 P から点 Q まで，時計と逆向きの方向に回ったときの円周 C の長さで

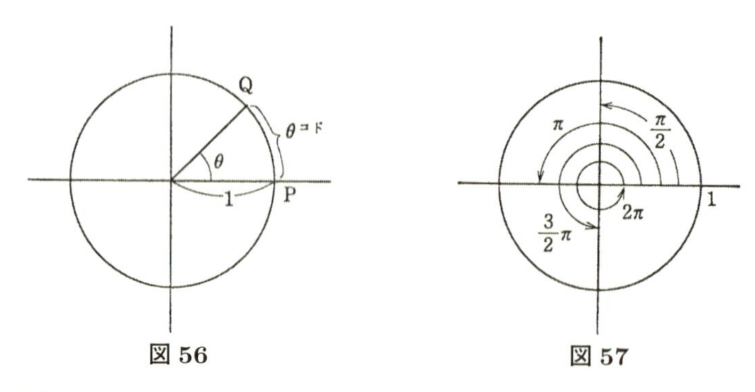

図 56　　　図 57

あると定義する.

半円 1 の円の全円周の長さは 2π である. したがって角度と弧度との対応は次のようになる.

角度 (°)	30°	45°	60°	90°	120°	150°	180°	270°	360°
弧度	$\frac{1}{6}\pi$	$\frac{1}{4}\pi$	$\frac{1}{3}\pi$	$\frac{1}{2}\pi$	$\frac{2}{3}\pi$	$\frac{5}{6}\pi$	π	$\frac{3}{2}\pi$	2π

π は円周率 $3.1415\cdots$ を表わしているが, π を 1 つの記号のように見てしまえば, 180° が弧度では ‘1 unit’ になっていることがわかる. その意味で, (A) の要請はひとまず満たされたと考える.

(B) については. 弧度を用いると, 半径 r の円の中心角 θ の円弧の長さが $r\theta$ で表わされることがわかる. これは図 58 と相似の考えから明らかであろう.

また, 図 59 で, 中心角 θ, 半径 1 の円弧によってつくられる図形 OPQ の面積の 2 倍が, 中心角 2θ の図形 OPR の面積となることは明らかである. このことから 1 辺が円弧 $\overset{\frown}{\mathrm{PQ}}$ であるような三角形 OPQ の面積は, 中心角 θ に比例することが推論される (ここでは面積とは何かという議論には触れないことにする). した

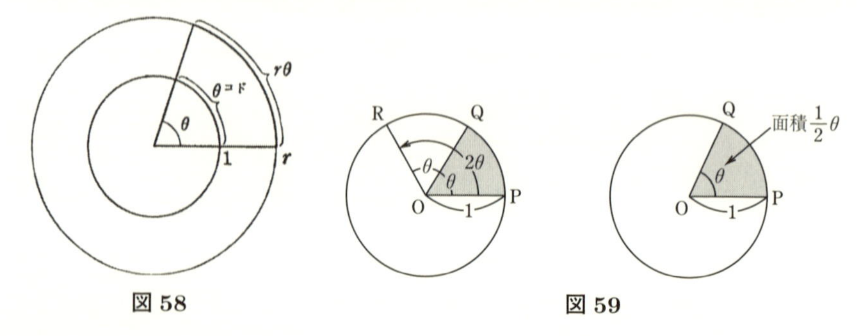

図 58　　　図 59

がって

$$\text{半径 1 の円の面積}: 2\pi^{(\text{コド})} = \text{OPQ の面積}: \theta^{(\text{コド})}$$

という関係が成り立つ．半径 1 の円の面積はもちろん π だから，これから‘円弧三角形’OPQ の面積が求められる．すなわち

$$\text{OPQ の面積} = \frac{1}{2}\theta$$

が得られた．

このようにして弧度を用いることによって，円弧の長さや，円弧三角形の面積が角（かく）の弧度によって表わされることになったのである．

以後，角（かく）の単位はすべて弧度を用いることにし，このことについては特に断らない．なお，弧度はラジアンともいう．

角の向き

x 軸の正の向きから出発して，原点を通る半直線が時計の針と逆方向に回るとき，この半直線の決める角は正とし，時計の針と同方向に回るときは角は負とする．

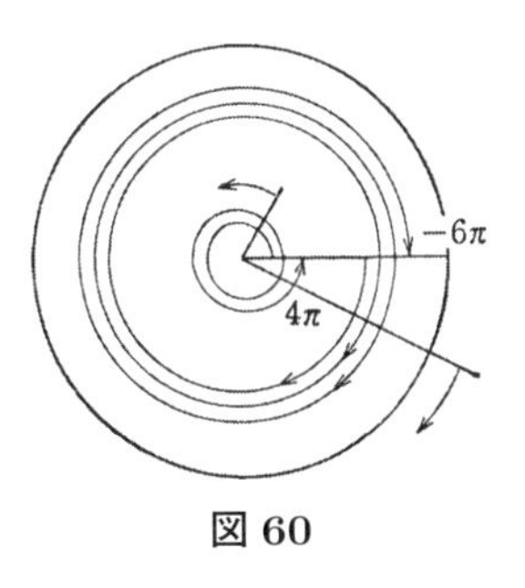

図 60

x 軸の正の向きから出発して正の向きに回り出した半直線が 1 周したとき，この半直線の決める角は 2π であり，2 周したときは 4π，3 周したときは 6π，$\ldots$ となる．また負の向きに回り始めたときは，1 周したとき -2π，2 周したとき -4π，3 周したときは -6π，$\ldots$ となる．このようにして，角（かく）は原点を通る半直線によって決まると考え，半直線が正または負の向きに何回，回転するかも考えることによって，角度の範囲が，単に 0 と 2π の間だけでなく，実数全体へと広がっていく．

$\cos\theta$，$\sin\theta$ の定義

座標平面上で，原点中心，半径 1 の円を単位円という．x 軸の正の向きから出

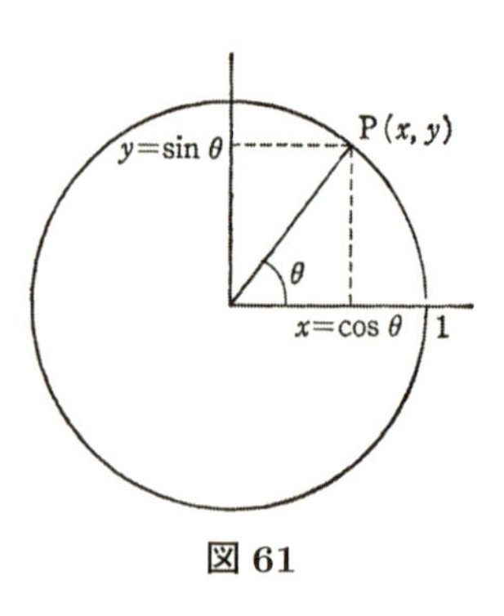

図 61

発して，正の向きに角 θ だけ回った半直線 l が，単位円と交わる点を $\mathrm{P}(x,y)$ とする．このとき

$$\cos\theta = x, \quad \sin\theta = y$$

と定義する (図 61 参照).

定義から直ちに

$$\cos(\theta+2n\pi)=\cos\theta, \quad \sin(\theta+2n\pi)=\sin\theta$$

$(n = 0, \pm1, \pm2, \ldots)$ が出る (半直線が何回原点のまわりを回っても，点 P に戻りさえすれば，cos, sin の値は等しい!!).

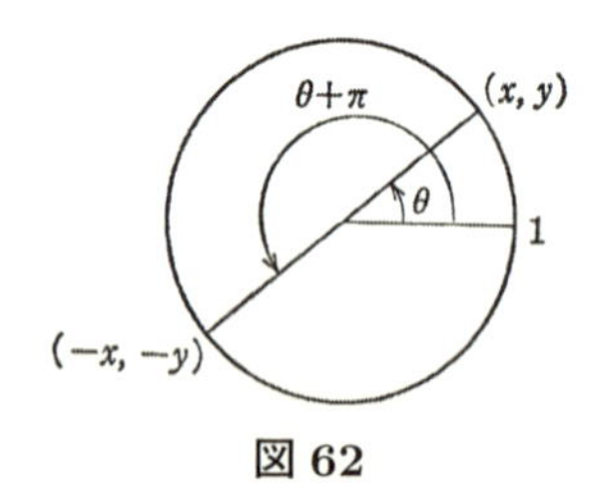

図 62

(x, y) が単位円周上にあれば，この点をさらに π だけ回した点は，やはり単位円周上にあってその座標は $(-x, -y)$ である (原点に関し対称的な所にある点).

このことから

$$\cos(\theta+\pi)=-\cos\theta, \quad \sin(\theta+\pi)=-\sin\theta$$

が成り立つことがわかる.

0 と π の間で，いくつかの θ で $\cos\theta$, $\sin\theta$ のとる値は次のようである.

θ	0	$\frac{1}{6}\pi$	$\frac{1}{4}\pi$	$\frac{1}{3}\pi$	$\frac{1}{2}\pi$	$\frac{2}{3}\pi$	$\frac{3}{4}\pi$	$\frac{5}{6}\pi$	π
$\cos\theta$	1	$\frac{\sqrt{3}}{2}$	$\frac{\sqrt{2}}{2}$	$\frac{1}{2}$	0	$-\frac{1}{2}$	$-\frac{\sqrt{2}}{2}$	$-\frac{\sqrt{3}}{2}$	-1
$\sin\theta$	0	$\frac{1}{2}$	$\frac{\sqrt{2}}{2}$	$\frac{\sqrt{3}}{2}$	1	$\frac{\sqrt{3}}{2}$	$\frac{\sqrt{2}}{2}$	$\frac{1}{2}$	0

また図 61 を見て，ピタゴラスの定理を使うと

$$\cos^2\theta + \sin^2\theta = 1$$

が成り立つこともわかる．

$y = \cos\theta$，$y = \sin\theta$ のグラフ

$y = \cos\theta$，$y = \sin\theta$ のグラフは，図 63 のようになる．

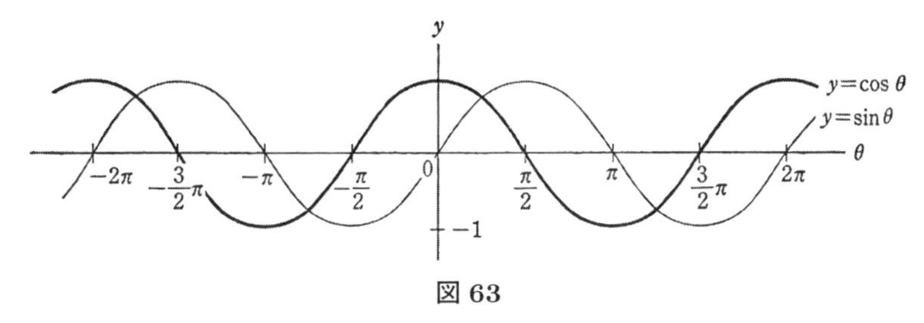

図 63

$y = \tan\theta$ の定義とグラフ

$\cos\theta$，$\sin\theta$ を用いて，$\tan\theta$ を

$$\tan\theta = \frac{\sin\theta}{\cos\theta}$$

と定義する．$0 < \theta < \frac{\pi}{2}$ のとき，$\tan\theta$ は，$\sin\theta : \cos\theta = \tan\theta : 1$ に注意すると，図 64 で BQ の長さとなっていることがわかる（$\triangle$OAP$\backsim\triangle$OBQ に注意！）．

$y = \tan\theta$ のグラフは図 65 のようになる．

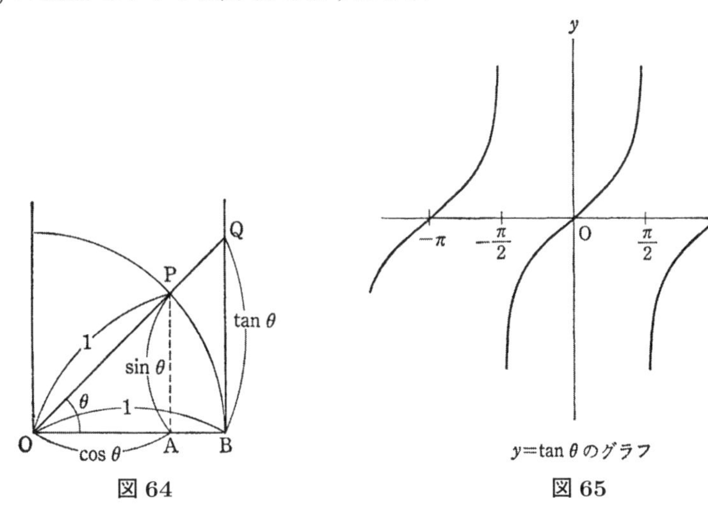

図 64　**図 65**

$\sin\theta$ と θ の 1 つの関係

角度の単位として弧度を用いたことにより得られる最も顕著な結果は，次の事実である．

$$\lim_{\theta\to 0}\frac{\sin\theta}{\theta}=1 \tag{1}$$

証明：　θ が正の方から 0 に近づくときに，まず (1) 式を示しておこう．図 66 で，明らかに

$\triangle$OAP の面積 $<$ OBP の面積 $<$ OBQ の面積

が成り立つ．したがって

$$\frac{1}{2}\sin\theta\cdot\cos\theta<\frac{1}{2}\theta<\frac{1}{2}\tan\theta$$

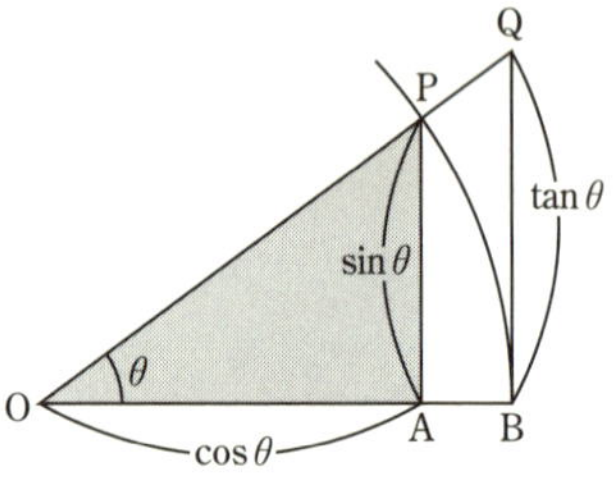

図 66

辺々を $\frac{1}{2}\sin\theta$ で割ると

$$\cos\theta<\frac{\theta}{\sin\theta}<\frac{1}{\cos\theta}$$

逆数をとって

$$\frac{1}{\cos\theta}>\frac{\sin\theta}{\theta}>\cos\theta$$

$\theta\to 0$ のとき，$\cos\theta$ のグラフからも明らかなように，$\cos\theta\to 1$ となり，したがってまた $\frac{1}{\cos\theta}\to 1$ となる．ゆえに，真中に挟まれた $\frac{\sin\theta}{\theta}$ も 1 に近づく．

θ が負の方から 0 に近づくときは，$\tilde{\theta}=-\theta$ とおくと $\tilde{\theta}$ は正の方から 0 に近づく．このとき

$$\frac{\sin\tilde{\theta}}{\tilde{\theta}}=\frac{\sin(-\theta)}{-\theta}=\frac{-\sin\theta}{-\theta}=\frac{\sin\theta}{\theta}$$

が成り立つから (問 1 参照)，いま証明したことから $\theta\to 0$ のとき，左辺が，したがってまた右辺も 1 に近づくことがわかる．これで (1) 式が証明された．

問 1　$\cos(-\theta)=\cos\theta$，$\sin(-\theta)=-\sin\theta$ を示せ．

問 2　$\cos\left(\frac{\pi}{2}-\theta\right)=\sin\theta,\ \sin\left(\frac{\pi}{2}-\theta\right)=\cos\theta$ を示せ.

問 3　1)　$y=3\sin\theta$ のグラフをかけ.

2)　$y=\cos 2\theta$ のグラフをかけ.

Tea Time

最初に出会った三角関数

最初に三角関数を習ったときは，ここで定義したようなものではなく，直角三角形 ABC を図 67 のように書いて，θ が鋭角のとき

$$\cos\theta=\frac{\mathrm{AB}}{\mathrm{AC}},\quad \sin\theta=\frac{\mathrm{BC}}{\mathrm{AC}},\quad \tan\theta=\frac{\mathrm{BC}}{\mathrm{AB}}$$

で定義したと思う．この定義は三角形に密着しているが，そのため，θ が鈍角となったり，θ がもっと大きな角になると，このままの形では，自然に定義することが難しくなる．

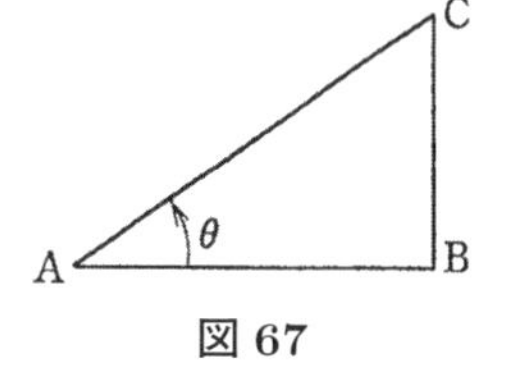

図 67

相似三角形の考えを使えば，この定義は，AC $=1$ のときに与えておけば十分であることがわかる．それに気がついて，A をとめて，AC を A を中心にして，いろいろの角度に回し，C の xy 座標を，それぞれ AB, BC の長さの代りにとると，ここで与えた cos, sin の定義となる．この新しい定義では，主役を演ずるのは三角形ではなくて，むしろ単位円である．その意味では，cos，sin は，三角関数というよりは，円関数といった方がよいかもしれない．

質問　$\sin 0=0$ ですから

$$\frac{\sin\theta}{\theta}=\frac{\sin\theta-\sin 0}{\theta}$$

とかいてもよいわけで，そうすると講義の中での公式

$$\lim_{\theta\to 0}\frac{\sin\theta}{\theta}=1$$

は，$y=\sin\theta$ のグラフの $\theta=0$ における微係数が 1 であるということを示してい

る公式でしょうか.

答　まったくその通りである．$\theta=0$ のときの微係数の模様がわかると，三角関数の加法定理というものを用いて，この $\theta=0$ での状況を任意の θ の場所まで移して，いい表わすことができる．このとき，もちろん公式 (1) の形は変わるが，それが実は，$\sin\theta$ の導関数を与える式となる．これは次の講の主題である.

第 12 講

三角関数の微分

テーマ

- ◆ sin，cos の加法定理
- ◆ $(\sin x)' = \cos x$，$(\cos x)' = -\sin x$
- ◆ $(\tan x)' = \dfrac{1}{\cos^2 x}$
- ◆ $\sin x$，$\cos x$ の導関数と高階導関数

加法定理

三角関数の加法定理とは，通常次の 4 つの公式を指す．

$$
\begin{aligned}
&(1) \quad \sin(\alpha+\beta) = \sin\alpha\cos\beta + \sin\beta\cos\alpha \\
&(2) \quad \sin(\alpha-\beta) = \sin\alpha\cos\beta - \sin\beta\cos\alpha \\
&(3) \quad \cos(\alpha+\beta) = \cos\alpha\cos\beta - \sin\alpha\sin\beta \\
&(4) \quad \cos(\alpha-\beta) = \cos\alpha\cos\beta + \sin\alpha\sin\beta
\end{aligned}
$$

この加法定理の証明は，Tea Time のときに与える．(1) 式と (2) 式で

$$\alpha = x + \frac{h}{2}, \quad \beta = \frac{h}{2}$$

とおくと，$\alpha+\beta = x+h$，$\alpha-\beta = x$ だから，(1) 式から (2) 式を引くと

$$\sin(x+h) - \sin x = 2\sin\frac{h}{2}\cos\left(x+\frac{h}{2}\right) \tag{5}$$

となる ((1) 式と (2) 式の右辺の第 1 項は，互いに消し合うことに注意せよ)．(3) 式と (4) 式で，α, β を同じようにおき換えてから (3) 式から (4) 式を引くと，今度は

$$\cos(x+h) - \cos x = -2\sin\frac{h}{2}\sin\left(x+\frac{h}{2}\right) \tag{6}$$

が得られる．

$\sin x$，$\cos x$ の微分

(5) 式，(6) 式と，第 11 講の公式 (1) を用いると，$y=\sin x$，$y=\cos x$ の導関数をすぐに求めることができる．実際，次の公式が成り立つ．

$$(\sin x)'=\cos x, \quad (\cos x)'=-\sin x$$

【証明】　(5) 式を用いる．

$$\begin{aligned}(\sin x)' &= \lim_{h\to 0}\frac{\sin(x+h)-\sin x}{h}\\ &= \lim_{h\to 0}\frac{2\sin\dfrac{h}{2}\cos\left(x+\dfrac{h}{2}\right)}{h}\\ &= \lim_{h\to 0}\frac{\sin\dfrac{h}{2}\cos\left(x+\dfrac{h}{2}\right)}{\dfrac{h}{2}}\end{aligned}$$

ここで $\tilde{h}=\dfrac{h}{2}$ とおくと，$h\to 0$ のとき $\tilde{h}\to 0$ で

$$\lim_{h\to 0}\frac{\sin\dfrac{h}{2}}{\dfrac{h}{2}}=\lim_{h\to 0}\frac{\sin\tilde{h}}{\tilde{h}}=1$$

$$\lim_{h\to 0}\cos\left(x+\frac{h}{2}\right)=\cos x$$

したがって上式は $\cos x$ となり，これで $(\sin x)'=\cos x$ が示された．■

(6) 式を用いて，同様の推論を行なうと $(\cos x)'=-\sin x$ が成り立つことがわかる (読者は証明を試みられるとよい)．

この証明で，$x=0$ での $\sin x$ の挙動 $\left(\lim\limits_{h\to 0}\dfrac{\sin h}{h}=1\right)$ が加法定理によって，どのように任意の点 x での $\sin x$，$\cos x$ の挙動へと運ばれたかをよく見てほしい．

この結果は，$\sin x$，$\cos x$ が (符号の違いを除けば) 互いに他の導関数という形で結び合っていることを示したもので，三角関数と微分の驚くべき整合性を示しているといえる．

$\sin x$ の導関数が $\cos x$ であることを知って，改めて第 11 講の $\sin x$ と $\cos x$ の

グラフを見てみよう．$(\sin x)' = \cos x$ だから，0 から $\frac{\pi}{2}$ まで，$y = \sin x$ のグラフが，しだいに緩い上り坂となっていく様子が，この接線の傾きを示す $y = \cos x$ のグラフが 1 から 0 へと減少していく状況となって反映している．$x = \frac{\pi}{2}$ のとき，$\sin x$ は極大値 1 をとり，接線の傾き $\cos x$ は 0 となる．$\frac{\pi}{2}$ を過ぎて $\sin x$ のグラフが下り始めるとき，$y = \cos x$ のグラフは x 軸の下へと下がって，$\cos x$ の符号は負となる．逆に，$\cos x$ のグラフの上り下りする様子が，その接線の傾きを示す $-\sin x$ の動きに反映している．

$\tan x$ の微分

$y = \tan x$ の導関数は次の式で与えられる．

$$(\tan x)' = \frac{1}{\cos^2 x}$$

【証明】 第 10 講の微分の公式 (V) を用いる．

$$\begin{aligned}(\tan x)' = \left(\frac{\sin x}{\cos x}\right)' &= \frac{(\sin x)' \cdot \cos x - \sin x \cdot (\cos x)'}{\cos^2 x} \\ &= \frac{\cos x \cdot \cos x - \sin x \cdot (-\sin x)}{\cos^2 x} \\ &= \frac{\cos^2 x + \sin^2 x}{\cos^2 x} = \frac{1}{\cos^2 x}\end{aligned}$$

∎

$\sin x$，$\cos x$ と高階導関数

$\sin x$，$\cos x$ の微分の規則から，右下のようなサイクルがあることがすぐにわかる．ここで矢印は微分することを示している．たとえば

$$(\sin x)' = \cos x$$
$$((\sin x)')' = (\cos x)' = -\sin x$$

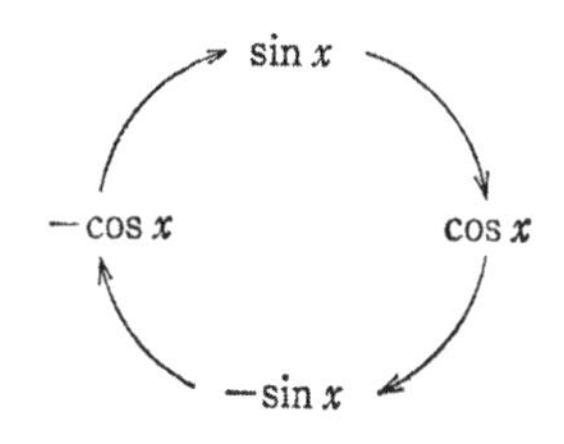

$\sin x$ を二度微分して $-\sin x$ となることを，$\sin x$ の 2 階の導関数は $-\sin x$ であるといい，

$$(\sin x)'' = -\sin x$$

と表わす．同様に，$\sin x$ の 3 階の導関数は $-\cos x$ であるといい

$$(\sin x)''' = -\cos x$$

と表わす．$(\sin x)'''' = \sin x$ である．

このように，1 つの関数 $y = f(x)$ から出発して，次から次へと導関数をとることを，高階導関数を求めるという．順次得られていく導関数を

$$f'(x),\ f''(x),\ f'''(x),\ \ldots,\ f^{(n)}(x),\ \ldots$$

のように表わす．

【例】 $f(x) = x^3 - 3x^2 + x + 1$ のとき

$$f'(x) = 3x^2 - 6x + 1$$
$$f''(x) = 6x - 6$$
$$f'''(x) = 6$$
$$f''''(x) = 0$$

問 1　次の関数を微分せよ．

1)　$y = 2\sin x \cdot \cos x + \tan x$

2)　$y = \dfrac{1}{\sin x}$

問 2　$x > 0$ のとき $\sin x < x$ を示せ（ヒント：$F(x) = x - \sin x$ とおくと $F(0) = 0$，$x > 0$ で $F(x)$ が単調増加関数となることを示せ）．

問 3　$\sin x$，$\cos x$，$\tan x$ は，有理関数として表わされないことを示せ．

Tea Time

加法定理の証明の概略

加法定理の証明を，最も自然に行なうのは，座標を回転して，新しい座標をつくったときの，座標変換の公式を用いることである．

座標を平行移動して新しい座標をつくることは，すでに第 3 講で説明し，この座標変換の公式はすでに何度も用いてきた．ここでは，原点をとめて，xy 座標を角 α だけ回転して新しい XY 座標をつくったとき，点 P の 2 つの座標 (x, y) と (X, Y) の関係——座標変換の公式——を求めておきたい．多少，こみ入っているが，図 68 をみると

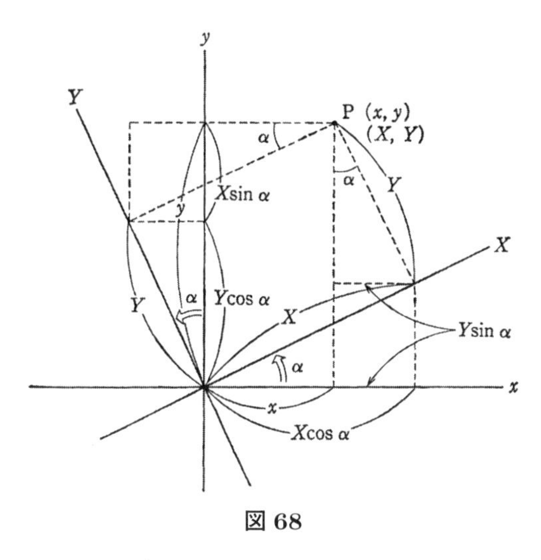

図 68

$$\begin{cases} x = X\cos\alpha - Y\sin\alpha \\ y = X\sin\alpha + Y\cos\alpha \end{cases}$$

という新しい座標 (X, Y) から，古い座標 (x, y) へ座標変換の公式が成り立つことがわかる．xy 座標の座標軸を α だけ回転して，XY 軸が得られたのだから，XY 軸を $-\alpha$ だけ回転すると今度は新旧逆転して xy 軸が得られる．このことは，上の座標変換の式で $\alpha \to -\alpha$ とおくと，左辺は X，Y で，右辺には逆に x，y が現われることを意味している．$\cos(-\alpha) = \cos\alpha$，$\sin(-\alpha) = -\sin\alpha$ に注意すると，したがって

$$(T_\alpha) \quad \begin{cases} X = x\cos\alpha + y\sin\alpha \\ Y = -x\sin\alpha + y\cos\alpha \end{cases}$$

が得られた．

XY 座標をさらに角 β だけ回転して $\tilde{X}\tilde{Y}$ 座標をつくると，同様の座標変換の公式

$$(T_\beta) \quad \begin{cases} \tilde{X} = X\cos\beta + Y\sin\beta \\ \tilde{Y} = -X\sin\beta + Y\cos\beta \end{cases}$$

が得られる．(T_α) の式を (T_β) の式に代入することは，xy 座標を最初 α だけ回転し，次に β だけ回転して，$\tilde{X}\tilde{Y}$ 座標にたどりつくことを意味する．もちろんこの結果は，xy 座

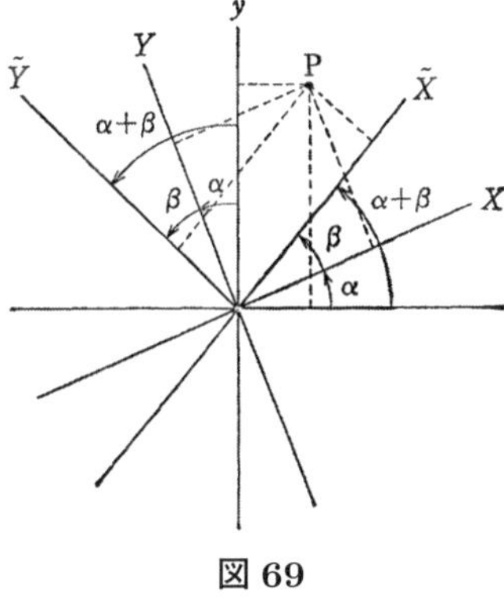

図 69

標を一度に $\alpha+\beta$ だけ回転して，$\tilde{X}\tilde{Y}$ 座標をつくるのに等しい．形式的にかけば

$$T_{\alpha+\beta} = T_\beta \circ T_\alpha$$

である．$\tilde{X}$ の座標変換だけかいてみると

$$\begin{aligned}\tilde{X} &= X\cos\beta + Y\sin\beta \\ &= (x\cos\alpha + y\sin\alpha)\cos\beta + (-x\sin\alpha + y\cos\alpha)\sin\beta \\ &= x(\cos\alpha\cos\beta - \sin\alpha\sin\beta) + y(\cos\alpha\cos\beta + \sin\alpha\cos\alpha)\end{aligned}$$

この式が

$$\tilde{X} = x\cos(\alpha+\beta) + y\sin(\alpha+\beta)$$

に等しいというのである．この 2 つの式の x と y の係数を見比べて，加法定理の (3)，(1) が成り立つことがわかる．(1)，(3) の式で β の代りに $-\beta$ を入れてみると，(2)，(4) が成り立つことがわかる．

第 13 講

指数関数と対数関数

テーマ

- ◆ 指数と指数法則
- ◆ 指数関数とそのグラフ
- ◆ 自然対数の底 e
- ◆ $y = e^x$ の導関数
- ◆ 対数関数 $y = \log x$ とそのグラフ
- ◆ $y = \log x$ の導関数

指数関数

指数関数 a^x を定義するには，a を 1 と異なる正数にとっておけばよいのだが，ここでは特に $a > 1$ の場合だけを取り扱う．

$m = 1, 2, 3, \ldots$ に対し，a の巾 a^m を

$$a^m = \overbrace{a \cdot a \cdot a \cdot \cdots \cdot a}^{m \text{ 個}}$$

と定義する．また $a^0 = 1$ とする．正の有理数 $\dfrac{m}{n}$ に対して，$a^{\frac{m}{n}}$ は

$$\underbrace{a^{\frac{m}{n}} \cdot a^{\frac{m}{n}} \cdot \cdots \cdot a^{\frac{m}{n}}}_{n \text{ 個}} = a^m$$

であるような正数として定義する．正の実数 α に対しては，$k_n \to \alpha$ となる有理数列 (たとえば α の小数展開の n 位までを k_n) をとり，$n \to \infty$ のとき，a^{k_n} が近づく先を a^α と定義する．(例：$a^{\sqrt{2}}$ は $a^{1.4}, a^{1.42}, \ldots$ の極限として定義する)．

α が負の数のとき，$a^\alpha = \dfrac{1}{a^{-\alpha}}$ と定義する (例：$a^{-2} = \dfrac{1}{a^2}$)．

このようにして，すべての実数 x に対して，巾 a^x が定義される．x を指数という．

指数法則

$$a^{x+y} = a^x a^y$$
$$a^{xy} = (a^x)^y$$

が成り立つ．この証明は，巾の定義に従いながら，x, y が自然数のとき，有理数のとき，実数のときと，順次この公式が成り立つことを確かめていくことによりできる．

x を変数と見て

$$y = a^x$$

とおき，この関数を (a を底とする) 指数関数という．

指数関数のグラフ

指数関数 $y = a^x$ のグラフは図 70 のようになる．a がどのような値であってもグラフは点 $(0,1)$ を通る ($a^0 = 1!$)．また $x = 1$ のときのグラフの高さ (y 座標) は a である ($a^1 = a!$)．図 70 には，4 つの a に対する $y = a^x$ のグラフをかいてある．

グラフを見てもわかるように，$y = a^x$ は単調増加関数である．

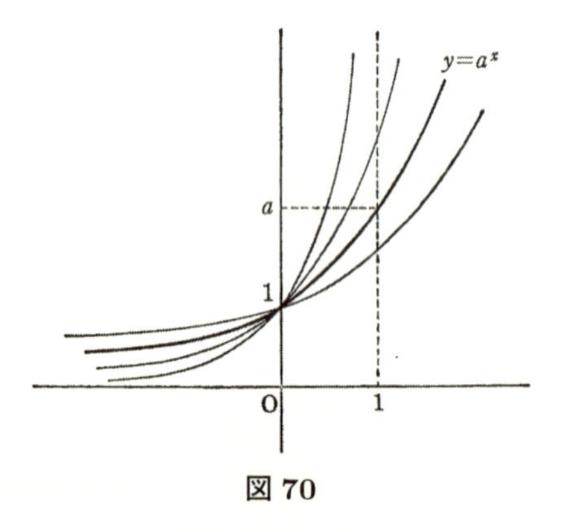

図 70

$y = e^x$

y 軸上の点 Q(0, 1) に注目しよう．a をいろいろに変えても，指数関数 $y = a^x$ のグラフはすべてこの点を通る．指数関数 $y = a^x$ のグラフをこの共通の出発点 Q から右の方へ見ていくと，a が 1 に近いほど傾きが平らであり，a が 1 から遠ざかって大きくなるほど，傾きが急になっていく．

a が 1 からしだいに大きくなっていくこのような過程で，適当な a をとると，点 Q における $y = a^x$ の接線の傾きが，ちょうど 1 になるものがあるということ

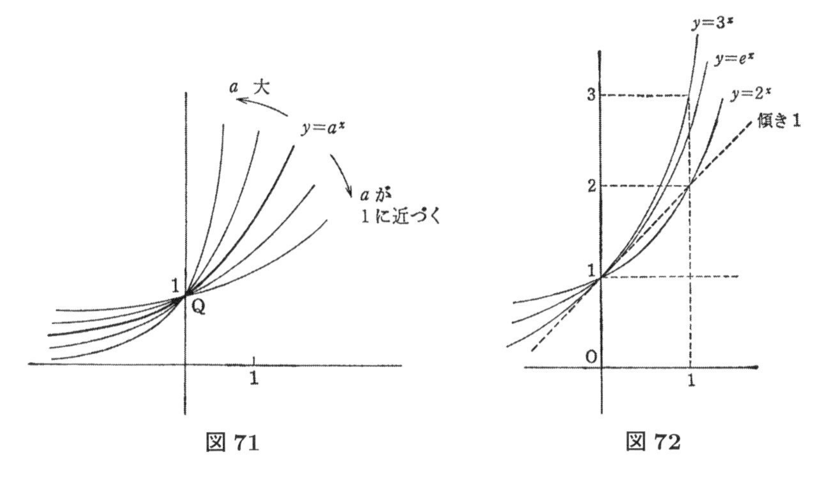

図 71　　　　図 72

は，容易に推測される．実際このような a はただ 1 つ存在する．

このを a を，e と表わし，自然対数の底という，e は解析学にとって，最も基本的な定数である．

e の定義：　$y = f(x) = a^x$ と表わしたとき，e は，$f'(0) = 1$ となる a の値である．

この e の値は，グラフから $2 < e < 3$ であることは，容易に推定できる．グラフを少し細かくかいてみると $2.5 < e < 3$ もわかる．

実際は e の小数展開は，ずっと先まで求められていて

$$e = 2.718281828459045235360 2\cdots$$

となることが知られている．

上の e の定義を，$f'(0)$ の定義に戻って式で表わせば，e は

$$\boxed{\lim_{h \to 0} \frac{e^h - 1}{h} = 1}$$

を満たす数である ($e^0 = 1$ に注意！)

この e は

$$e = \lim_{n \to \infty} \left(1 + \frac{1}{n}\right)^n$$

と表わされることが知られている．

$y = e^x$ の導関数

$\displaystyle\lim_{\theta\to 0}\frac{\sin\theta}{\theta} = 1$ から，sin の加法定理を用いて，$(\sin x)' = \cos x$ が導かれたように，e^x の $x = 0$ における微係数が 1 のことと，指数法則を用いることにより，任意の点 x における e^x の微係数 (したがって e^x の導関数) を求めることができる．実際，

$$
\begin{aligned}
(e^x)' &= \lim_{h\to 0}\frac{e^{x+h}-e^x}{h} = \lim_{h\to 0}\frac{e^x e^h - e^x}{h} \\
&= \lim_{h\to 0} e^x \frac{e^h-1}{h} = e^x \lim_{h\to 0}\frac{e^h-1}{h} = e^x
\end{aligned}
$$

このようにして重要な，しかし最も簡明な公式

$$(e^x)' = e^x$$

が得られた．

すなわち，$y = e^x$ という関数は，微分して導関数をとっても，もとと変わらない関数である．このような性質をもつ関数は，e^x か，あるいは，e^x を何倍かした関数，すなわち Ce^x という関数しかないことが知られている．

対 数 関 数

関数 $y = e^x$ による x と y との対応は，グラフからもわかるように，1 対 1 に

$$\text{実数 } x \longleftrightarrow \text{正の数 } y$$

を対応させている．したがって，正の数 y に対して，x がただ 1 つ決まる．これを

$$x = \log y$$

とかく．さらにここで，x と y の変数を取り換えて，

$$y = \log x$$

としたものを対数関数という．

$$y = \log x \Longleftrightarrow x = e^y \qquad (1)$$

この関係から，

$$x = e^{\log x} \qquad (2)$$

となっていることを注意しておこう．

一般に，任意の正数 a $(\neq 1)$ に対して

$$y = \log_a x \iff x = a^y$$

として，底が a の対数を定義できる．このときには，このように底 a を明記する．このような一般的な対数に対して，上に定義した対数を自然対数という．

指数法則は，対数関数では次の規則に翻訳される．

$$\log(\alpha \cdot \beta) = \log \alpha + \log \beta$$
$$\log \alpha^{\beta} = \beta \log \alpha$$

最初の等式だけ示しておこう．$\log \alpha = x$，$\log \beta = y$ とおく．$\alpha = e^x$，$\beta = e^y$ より

$$\alpha \cdot \beta = e^x e^y = e^{x+y} \quad (\text{指数法則による})$$

したがって

$$\log(\alpha \cdot \beta) = x + y = \log \alpha + \log \beta$$

対数関数の微分

$y = \log x$ のグラフは，$y = e^x$ のグラフを，直線 $y = x$ に関して，対称に折り返したものとなっている．このことは，指数関数と対数関数の基本的な関係 (1) を，グラフで示すと，図 73 のようになっていることからわかる．

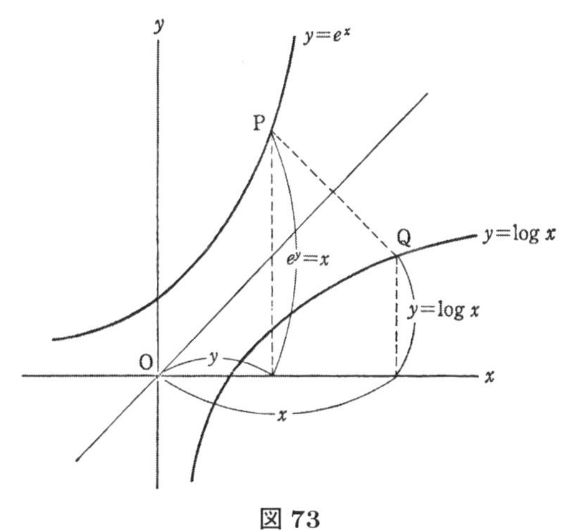

図 73

このことから，x における，$y = \log x$ のグラフの接線の傾きがわかる．そのため図 73 と同様の図 74 をかいてみる．

このとき，点 P における指数関数のグラフの接線の傾きは，e^y である．したがって，第 10 講の図 52 を参照すると，点 Q における $y = \log x$ の接線の傾きは

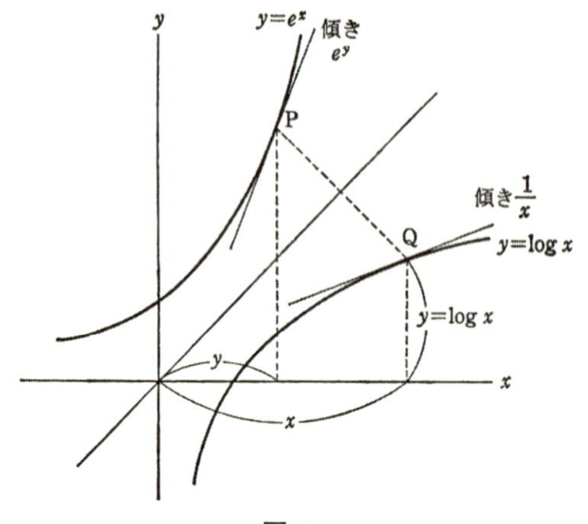

図 74

$$\frac{1}{e^y}$$

であることがわかる．$y=\log x$ だから，(2) 式を用いると，点 Q における接線の傾きは $\frac{1}{x}$ である．すなわち，次の公式が証明された．

$$(\log x)' = \frac{1}{x}$$

問 1　次の関数を微分せよ．

1)　$y = 3e^x + 5\sin x$

2)　$y = \log x^6 - 3\log x$

問 2　$x = e$ における $y = \log x$ の接線の方程式を求めよ．

Tea Time

$y = e^x$ と $y = \log x$ の増加のしかた

$(\log x)' = \frac{1}{x}$ であるが，$y = \frac{1}{x}$ のグラフは，反比例のグラフとしてよく知られていて，図 75 のようになっている．x が大きくなるにつれ，このグラフは，急速に 0 に近づいていく．ということは，$y = \log x$ のグラフの接線の傾きが急速に 0 に近くなることを意味し，したがって x が大きくなるとき，$y = \log x$ のグラフは，しだいに x 軸に平行に近い傾きをもつ，ゆっくりと上昇していくカーブになっていく．

直線 $y = x$ に関して対称な位置にある，$y = e^x$ についていい直すと，$y = e^x$ のグラフは，x が大きくなるとき，しだいに y 軸に平行な傾きに近い傾きをもつような，急傾斜となって上昇を続けていく．

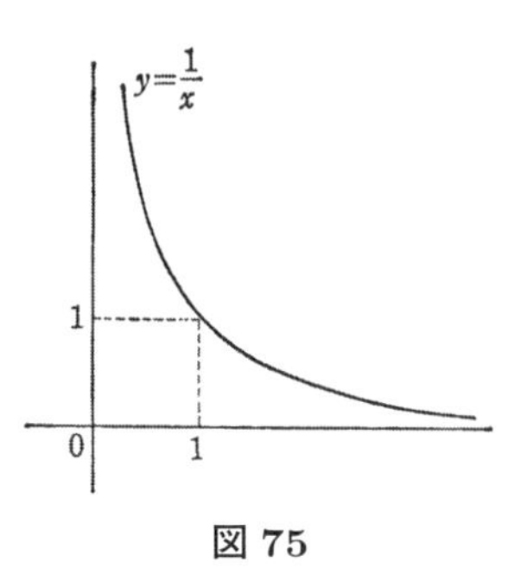

図 75

実際は，$y = \log x$ の接線の傾きと，任意の自然数 n に対して $y = \sqrt[n]{x}$ の接線の傾きが比較できて，このことから，$y = \log x$ のグラフは，$y = \sqrt[n]{x}$ のグラフに比べ，はるかにゆっくりとしたスピードで大きくなっていくことが推論できる．このことを再び，$y = x$ に関し対称なグラフに移していえば，$y = e^x$ のグラフは，任意の n に対し，$y = x^n$ のグラフより，はるかに速いスピードで大きくなっていくことになる．

質問　一般の指数関数 $y = a^x$ と，一般の対数関数 $y = \log_a x$ の導関数はどんな関数となるのでしょうか．

答　$y = \log_a x$ の導関数は，$(\log x)' = \dfrac{1}{x}$ であることがわかっているから，すぐに求められる．それは，底変換の公式とよばれている関係

$$\log_a x = \log_a e \cdot \log x \tag{3}$$

が成り立つからである（この公式は (2) 式の両辺の対数を，$\log_a$ でとってみるとわかる）．この式を微分して

$$\boxed{(\log_a x)' = \log_a e \cdot \frac{1}{x}}$$

が得られた．

この結果を，$\dfrac{1}{\log_a e} = \log a$ のことに注意して（(3) 式で $x = a$ とおいてみよ），直線 $y = x$ に関して対称なグラフ $y = a^x$ の結果へと移すと，接線の傾きは逆数となり，したがって関係 $y = a^x \Leftrightarrow x = \log_a y$ を用いると

$$\boxed{(a^x)' = \log a \cdot a^x}$$

となることがわかる．

第 14 講

合成関数の微分と逆関数の微分

テーマ

- ◆ 合成関数
- ◆ 合成関数の微分の公式と例
- ◆ 逆関数
- ◆ 逆関数の微分の公式と例

合成関数

有理関数以外に，三角関数や，指数関数や対数関数などが微分できるようになってくると，これらの関数を組み合わせて得られる

$a)\ \sin(x^2+x)$,　$b)\ e^{x^3-\sin x}$,　$c)\ (\log x)^3-6(\log x)^2$

のような関数を，どのように微分するかが問題となってくる．

a) は，$y=x^2+x$ という関数と，$z=\sin y$ という関数を合成してできている．

b) は，$y=x^3-\sin x$ という関数と，$z=e^y$ という関数を合成してできている．

c) は，$y=\log x$ という関数と，$z=y^3-6y^2$ という関数を合成してできている．

‘合成する’ というのは，このようにして，x の関数 y と，y の関数 z が与えられたとき，この 2 つを組み合わせて，新しく x の関数 z をつくることである．一般的な定義は次のようになる．

合成関数の定義：　$y=f(x)$ という関数と，$z=g(y)$ という関数が与えられたとき

$$z=F(x)=g(f(x))$$

を，f と g の合成関数という．$F=g\circ f$ と表わすこともある．

合成関数の微分の公式

合成関数の微分の公式は

$$\text{(VI)} \qquad F'(x) = g'(f(x)) \cdot f'(x)$$

で与えられる．

この公式を証明する前に，上に与えた合成関数の 3 つの例 $a)$, $b)$, $c)$ に対し，公式 (VI) を実際に使ってみよう．

a)　$F(x) = \sin\left(x^2 + x\right)$

このとき $g(y) = \sin y$，$f(x) = x^2 + x$，また $g'(y) = \cos y$，$f'(x) = 2x + 1$．したがって，公式 (VI) を適用した結果は次のようになる．

$$\begin{array}{ccccc} (\sin(x^2 + x))' & = & \cos(x^2 + x) & \cdot & (2x + 1) \\ \Uparrow & & \Uparrow \quad \Uparrow & & \Uparrow \\ F'(x) & = & g'(f(x)) & \cdot & f'(x) \end{array} \tag{1}$$

b)　$F(x) = e^{x^3 - \sin x}$

このとき $g(y) = e^y$，$f(x) = x^3 - \sin x$，また $g'(y) = e^y$，$f'(x) = 3x^2 - \cos x$．したがって

$$\left(e^{x^3 - \sin x}\right)' = e^{x^3 - \sin x} \cdot \left(3x^2 - \cos x\right)$$

c)　$F(x) = (\log x)^3 - 6(\log x)^2$

このとき $g(y) = y^3 - 6y^2$，$f(x) = \log x$，また $g'(y) = 3y^2 - 12y$，$f'(x) = \dfrac{1}{x}$．したがって

$$\left\{(\log x)^3 - 6(\log x)^2\right\}' = \left\{3(\log x)^2 - 12\log x\right\} \cdot \frac{1}{x}$$

合成関数の微分の公式 (VI) は，(1) 式の使い方からもわかるように，(1) でまず $\sin(x^2 + x)$ の $(x^2 + x)$ の部分をいわば‘知らぬ顔’をして $\cos(x^2 + x)$ として微分してしまい，次に……の部分を取り出し，改めて $(x^2 + x)' = 2x + 1$ と微分して，この 2 つをかけ合わすことを示唆している．

合成関数の微分の公式の証明

関数 $y = f(x)$，$z = g(y)$ が与えられているとする．

変数の変動に注目したいため，x が，x から $x+h$ まで変動した分 h を，改めて Δx とかき，Δx を x の差分という．

$$\Delta x = (x+h) - x$$

ここで h は，したがってまた Δx は，いろいろな値をとって変わり得る変数と考えている．さらに Δx に対し

$$\Delta y = f(x+\Delta x) - f(x) \tag{2}$$

とおき，この Δy に対して

$$\Delta z = g(y+\Delta y) - g(y)$$

とおく．$\Delta y, \Delta z$ をそれぞれ，$\Delta x, \Delta y$ に対応する y, z の差分という．

$\Delta x \to 0$ のとき，$\Delta y \to 0$ となり，したがってまた $\Delta z \to 0$ となる (厳密にいえば，ここでは，f と g が連続関数であるという性質を用いている)．ここで

$$\lim_{\Delta x \to 0} \frac{\Delta y}{\Delta x} = f'(x) \tag{3}$$

である．同様に

$$\lim_{\Delta y \to 0} \frac{\Delta z}{\Delta y} = g'(y) \tag{4}$$

である．

ここで厳密な議論を好む人は，「(3) 式では右辺の Δx は分母にある以上，もちろん $\Delta x \neq 0$ でかつ $\Delta x \to 0$ と考えてよいのであろうが，(4) 式では，Δy は (2) 式で与えられている以上，Δy がどこまで小さくなっても，0 となる状況が続くこともあるのではなかろうか．そのとき (4) 式の分母は 0 となって定義されないだろう」と疑問を感ずるかもしれない．実際，この論点を指摘されると，以下の議論は多少不正確なものとなるのだが，ここで行なう議論には，実はこの点も含めて正確な補正が可能であることが知られているので，あえて，この論点にはこれ以上立ち入らない．

そこで，$y=f(x)$ と $z=g(y)$ の合成関数

$$F(x) = g(f(x))$$

の，Δx に対応する差分 Δz を考える．

$$\begin{aligned}\Delta z &= F(x+\Delta x) - F(x) = g(f(x+\Delta x)) - g(f(x)) \\ &= g(f(x)+\Delta y) - g(f(x)) \quad \text{((2) による)}\end{aligned}$$

したがって

$$\lim_{\Delta y \to 0} \frac{\Delta z}{\Delta y} = g'(f(x))$$

である．ゆえに

$$F'(x) = \lim_{\Delta x \to 0} \frac{\Delta z}{\Delta x} = \lim_{\Delta y \to 0} \frac{\Delta z}{\Delta y} \lim_{\Delta x \to 0} \frac{\Delta y}{\Delta x}$$
$$= g'(f(x)) \cdot f'(x)$$

これで公式 (V) が証明された．

逆　関　数

合成関数の微分の公式を適用すると，逆関数の微分の公式が得られる．

関数 $y = f(x)$ による x と y との対応で，x がある範囲 D を動くとき，y のとる値がある範囲 R を動き，そこで，x と y の対応が 1 対 1 になっていたとする．このとき，逆に，y に対して x を対応させることができる．この対応を，f の逆対応 (または逆写像) といい，f^{-1} で表わす．この関係を見やすく

$$\begin{array}{ccc} D & \overset{f}{\underset{f^{-1}}{\rightleftarrows}} & R \\ \cup & & \cup \\ x & \rightleftarrows & y \end{array}$$

とかいておこう．

D を f の定義域，R を f の値域ということがある．このいい方をすれば，f^{-1} の場合には，逆に，R が定義域で D が値域となる．

f^{-1} を関数と見るときには，ふつうは，y を x にかき換え，x を y にかき換えて，$y = f^{-1}(x)$ とかく．ここでは，この形にかいたものを f の逆関数ということにする．

$$y = f^{-1}(x) \Longleftrightarrow x = f(y)$$

【例 1】　関数 $y = x^n (n = 1, 2, \ldots)$ は，n が偶数のときには，$x > 0$ の範囲 D を，$y > 0$ の範囲 R に 1 対 1 に対応させている．n が奇数のときは，すべての実数 x のつくる範囲 D を，すべての実数 y のつくる範囲 R に 1 対 1 に対応させている．したがって，それぞれの場合に，逆関数 $f^{-1}(x)$ を考えることができる．$f^{-1}(x) = \sqrt[n]{x}$ である．

【例 2】　関数 $y = e^x$ は，すべての実数 x のつくる範囲 D を，$y > 0$ の範囲 R に 1 対 1 に対応させている．したがって，R から D への逆関数 f^{-1} を考えることができる．$f^{-1}(x) = \log x$ である．

$y=f^{-1}(x)$ のグラフは，$y=f(x)$ のグラフを，直線 $y=x$ に関して，対称に移したものとなっている．

逆関数の微分

$y=f(x)$ のグラフと $y=f^{-1}(x)$ のグラフとの関係から，$y=\sqrt{x}$ や $y=\log x$ の導関数を求めたのと同じ考えで，逆関数の導関数を求めることはできる．

しかしここでは，合成関数の微分法の応用として，逆関数の導関数を求めてみよう．

$$f^{-1}(f(x))=x$$

の両辺を微分して

$$\left\{f^{-1}(f(x))\right\}'\cdot f'(x)=1$$

ゆえに

$$\left\{f^{-1}(f(x))\right\}'=\frac{1}{f'(x)} \tag{5}$$

$y=f(x)$ を改めて x とかき直すと，いままで x とかいていたものは $f^{-1}(x)$ となる．したがって (5) 式はもう一度かき直されて

$$\left\{f^{-1}(x)\right\}'=\frac{1}{f'\left(f^{-1}(x)\right)}$$

例 1 では $f(x)=x^n$，$f'(x)=nx^{n-1}$，$f^{-1}(x)=\sqrt[n]{x}$．したがって

$$\begin{aligned}(\sqrt[n]{x})'&=\frac{1}{n\left(f^{-1}(x)\right)^{n-1}}=\frac{1}{n(\sqrt[n]{x})^{n-1}}\\&=\frac{1}{n}x^{-\frac{n-1}{n}}=\frac{1}{n}x^{\frac{1}{n}-1}\end{aligned}$$

$\sqrt[n]{x}$ を指数を用いて $x^{\frac{1}{n}}$ と表わしておくと，この結果は

$$(x^{\frac{1}{n}})'=\frac{1}{n}x^{\frac{1}{n}-1}\quad(n=1,2,\ldots) \tag{6}$$

と表わされる．

例 2 では $f(x)=e^x$，$f^{-1}(x)=\log x$．したがって

$$(\log x)'=\frac{1}{e^{f^{-1}(x)}}=\frac{1}{e^{\log x}}=\frac{1}{x}$$

なお，(6) の公式は，$n=-1,-2,\ldots$ に対しても成り立つことを注意しておこう．たとえば

$$(x^{-\frac{1}{3}})' = \left(\frac{1}{\sqrt[3]{x}}\right)' = \frac{-(\sqrt[3]{x})'}{(\sqrt[3]{x})^2} = \frac{-\frac{1}{3}x^{\frac{1}{3}-1}}{x^{\frac{2}{3}}}$$

$$= -\frac{1}{3}x^{\frac{1}{3}-1-\frac{2}{3}} = -\frac{1}{3}x^{-\frac{1}{3}-1}$$

一般の場合も同様である．すなわち，まとめて公式

$$(x^{\frac{1}{n}})' = \frac{1}{n}x^{\frac{1}{n}-1} \quad (n = \pm 1, \pm 2, \pm 3, \ldots)$$

が得られた．

問 1　次の関数を微分せよ．

1)　$y = \sin\left(\dfrac{x^2+1}{x}\right)$

2)　$y = e^{\cos x}$

3)　$y = \log\left(5x^3 + x\sin x\right)$

問 2　sin の加法公式

$$\sin(x+\alpha) = \sin x\cos\alpha + \sin\alpha\cos x$$

の辺々を x で微分して，どのような式が導かれるかを確かめよ．

問 3　$f(x) > 0$ の関数 f に対し

$$(\log f(x))' = \frac{f'(x)}{f(x)}$$

を示せ．この等式を $f'(x) = f(x)\cdot(\log f(x))'$ とかき直し，$f(x) = \sqrt[n]{x^m} = x^{\frac{m}{n}}$ に，この式を適用して $\sqrt[n]{x^m}$ の導関数を求めてみよ．

Tea Time

$\dfrac{dy}{dx}$ の記号について

$\displaystyle\lim_{\Delta x\to 0}\frac{\Delta y}{\Delta x}$ を $\dfrac{dy}{dx}$ ともかく．したがって

$$\frac{dy}{dx} = f'(x)$$

である．この記号を用いると，合成関数の微分の規則は簡単に

$$\frac{dz}{dx} = \frac{dz}{dy}\frac{dy}{dx}$$

と表わされる．

dx と dy は，それぞれ 1 つ 1 つ独立した意味をもっていると考えることもある．図 76 で，AB $= dx$，BC $= dy$ である．グラフ上の点 A$(x, f(x))$ をとめて，dx をいろいろに変えるとき，dy は

$$dy = f'(x)dx$$

という関係を保ちながら変化する．dx，dy をそれぞれ x と y の微分という．

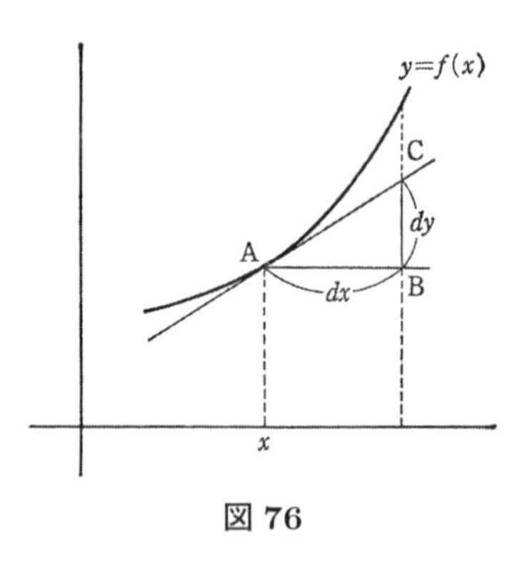

図 76

質問　これは質問といったものではないかもしれませんが，合成関数の例として出された a)，b)，c) のどれを見ても難しそうな形をしていて，この関数のグラフがどんな形になるのかなど予想もつきません．それなのに，このような複雑な関数を微分することが，ごく簡単にできてしまうことに，驚きと意外性を感じました．

答　微分は，関数のグラフを解析する最も重要な手段である．もしこの手段が，関数の複雑さに比例して難しくなったり，グラフの概形を知らなければ計算できないようなものだったら，これほど広く，有効に使われることはなかったろう．微分の計算は，なれれば誰にでもすぐできる．ここに微分の働きが，数学を越えて，広い分野にまで浸透していった 1 つの理由がある．‘微分する’という‘演算’が，関数の複雑さにかかわらず，比較的簡単にできる理由は，微分が関数の各点ごとのごく近くの性質にしかよらないからであって，実際，各点ごとで関数を微分するには，グラフが複雑な様子で広がっていくさまを，全部見通さなくてもよいのである．

第 15 講

逆三角関数の微分

テーマ

◆ 逆三角関数： $y=\sin^{-1}x \quad \left(-\frac{\pi}{2} \leqq y \leqq \frac{\pi}{2}\right)$,

$y=\cos^{-1}x \quad (0 \leqq y \leqq \pi)$,

$y=\tan^{-1}x \quad \left(-\frac{\pi}{2} < y < \frac{\pi}{2}\right)$

◆ 逆三角関数のグラフ

◆ 逆三角関数の導関数

逆三角関数

i)　$y=\sin x$ のグラフを見ると，

$$-\frac{\pi}{2} \leqq x \leqq \frac{\pi}{2}$$

の間で，グラフは単調増加で，x 軸上の区間 $\left[-\frac{\pi}{2}, \frac{\pi}{2}\right]$ を，y 軸上の区間 $[-1,1]$ の上に 1 対 1 に移している．

注意　数直線上で実数 $a<b$ に対し，

$$[a,b]=\{x \mid a \leqq x \leqq b\}$$
$$(a,b)=\{x \mid a < x < b\}$$

とおき，それぞれ閉区間，開区間という．

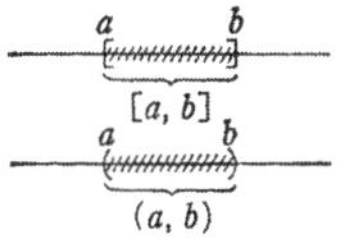

図 77

したがって，この範囲で $y=\sin x$ の逆関数を考えることができる．この逆関数を

$$y=\sin^{-1}x$$

とかく．ここで

$$\begin{array}{ccc} [-1,1] & \underset{\sin y}{\overset{\sin^{-1}x}{\rightleftarrows}} & \left[-\frac{\pi}{2}, \frac{\pi}{2}\right] \\ \cup & & \cup \\ x & \longrightarrow & y \end{array}$$

である．

ii)　$y = \cos x$ のグラフを見ると

$$0 \leqq x \leqq \pi$$

の間で，グラフは単調減少で，x 軸上の区間 $[0, \pi]$ を，y 軸上の区間 $[-1, 1]$ の上に 1 対 1 に移している．

したがって，この範囲で $y = \cos x$ の逆関数を考えることができる．この逆関数を

$$y = \cos^{-1} x$$

とかく．ここで

$$\begin{array}{ccc} [-1,1] & \underset{\cos y}{\overset{\cos^{-1} x}{\rightleftarrows}} & [0,\pi] \\ \cup & & \cup \\ x & \longrightarrow & y \end{array}$$

である．

iii)　$y = \tan x$ を見ると

$$-\frac{\pi}{2} < x < \frac{\pi}{2}$$

の間で，グラフは単調増加で，x 軸上の区間 $\left(-\frac{\pi}{2}, \frac{\pi}{2}\right)$ を，y 軸全体の上に 1 対 1 に移している．

したがって，この範囲で $y = \tan x$ の逆関数を考えることができる．この逆関数を

$$y = \tan^{-1} x$$

とかく．ここで

$$\begin{array}{ccc} \text{数直線} & \underset{\tan y}{\overset{\tan^{-1} x}{\rightleftarrows}} & \left(-\frac{\pi}{2}, \frac{\pi}{2}\right) \\ \cup & & \cup \\ x & \longrightarrow & y \end{array}$$

である．

$\sin^{-1} x$，$\cos^{-1} x$，$\tan^{-1} x$ は，$\mathrm{Arc}\sin x$，$\mathrm{Arc}\cos x$，$\mathrm{Arc}\tan x$ ともかき，ふつうアーク・サイン x，アーク・コサイン x，アーク・タンジェント x と読む．

逆三角関数のグラフ

逆三角関数のグラフは，$y = \sin x$，$y = \cos x$，$y = \tan x$ のグラフから容易に

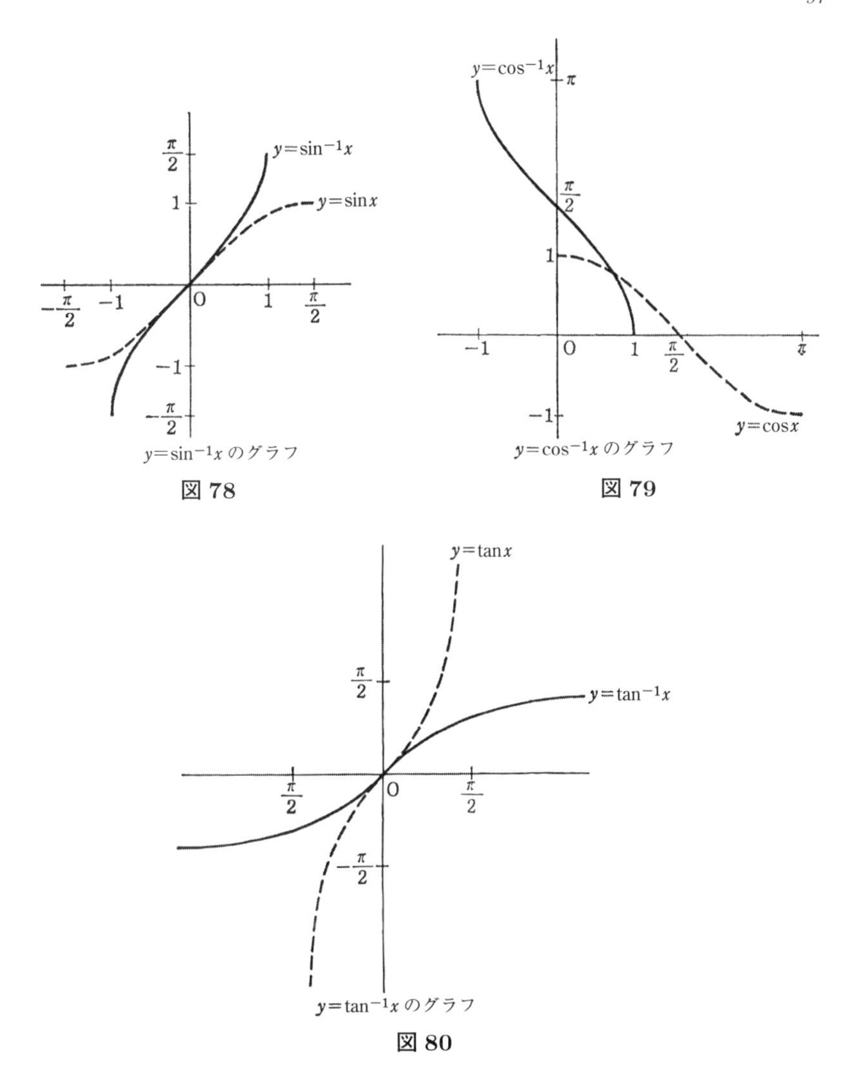

図 78

図 79

図 80

かくことができる．これらは図 78，79，80 で示しておいた．

逆三角関数の微分

$$\text{(i)}\quad (\sin^{-1} x)' = \frac{1}{\sqrt{1-x^2}}$$

$$\text{(ii)}\quad (\cos^{-1} x)' = \frac{-1}{\sqrt{1-x^2}}$$

(iii)　$(\tan^{-1} x)' = \frac{1}{1+x^2}$

が成り立つ.

【(i) の証明】　$(\sin x)' = \cos x$ だから，逆関数の微分の公式を使うと

$$(\sin^{-1} x)' = \frac{1}{\cos(\sin^{-1} x)} \tag{1}$$

のことがわかる．$y = \sin^{-1} x$ とおく．

$$\cos^2 y + \sin^2 y = 1$$

より

$$\cos^2 y = 1 - \sin^2 y$$

$-\frac{\pi}{2} \leqq y \leqq \frac{\pi}{2}$ だから，$\cos y \geqq 0$．したがって

$$\cos y = \sqrt{1 - \sin^2 y}$$

この式に $y = \sin^{-1} x$ を代入して

$$\sin(\sin^{-1} x) = x,$$
$$\sin^2 y = (\sin y)^2 = (\sin(\sin^{-1} x))^2 = x^2$$

に注意すると

$$\cos(\sin^{-1} x) = \sqrt{1 - x^2}$$

が得られた.

この結果を (1) 式に代入して，公式 (i) が示された.　■

【(ii) の証明】　$(\cos x)' = -\sin x$ だから，逆関数の微分の公式から

$$(\cos^{-1} x)' = \frac{-1}{\sin(\cos^{-1} x)}$$

である．$y = \cos^{-1} x$ とおいて,

$$\cos^2 y + \sin^2 y = 1$$

と，これから導かれる

$$\sin y = \sqrt{1 - \cos^2 y} \quad (0 \leqq y \leqq \pi)$$

を用いると，(i) と同様にして証明される.　■

【(iii) の証明】　$(\tan x)' = \frac{1}{\cos^2 x}$ から

$$(\tan^{-1} x)' = \cos^2(\tan^{-1} x) \tag{2}$$

である．$y = \tan^{-1} x$ とおくと，$\tan y = x$ である．

$$\tan y = \frac{\sin y}{\cos y}$$

したがって

$$\begin{aligned} 1 + \tan^2 y = 1 + \frac{\sin^2 y}{\cos^2 y} &= \frac{\cos^2 y + \sin^2 y}{\cos^2 y} \\ &= \frac{1}{\cos^2 y} \end{aligned}$$

ゆえに

$$1 + \tan^2(\tan^{-1} x) = \frac{1}{\cos^2(\tan^{-1} x)}$$

すなわち

$$1 + x^2 = \frac{1}{\cos^2(\tan^{-1} x)}$$

これを (2) 式に代入して，(iii) の成り立つことがわかる． ∎

問 1 次の関数を微分せよ．

1) $y = 3\sin^{-1} x \cos^{-1} x$

2) $y = x^2 \tan^{-1} x$

問 2 $y = \sin^{-1} x$ と $y = \tan^{-1} x$ のグラフで，原点以外では，接線の傾きが等しくなるような $x\,(-1 \leqq x \leqq 1)$ は存在しないことを示せ．

Tea Time

逆三角関数の導関数

逆三角関数の導関数は，三角関数の導関数と比べてみると，大分様子が違っていることに気がつく．三角関数の導関数は，すべてまた三角関数で表わされていた．それに反し，逆三角関数の導関数は，もう三角関数ではなくて，無理関数や，有理関数になっている．特に $\tan^{-1} x$ の導関数など，実に簡単な $\frac{1}{1+x^2}$ という有理関数となっている．

もっとも同様な状況は，$\log x$ の導関数にも起きている．e^x の導関数は，やはり e^x で，これは有理関数ではないが，この逆関数である $\log x$ の導関数は $\frac{1}{x}$ という，最も簡単な形の関数となっている．

グラフの上では，もとの関数と逆関数のグラフは，$y=x$ という直線に関して対称な形をとっているにすぎないのに，導関数の上では，このようなはっきりとした違いが生じてくる．これは，一種の‘解析の魔術’とでもいうべきものであろう．

質問　$y=\sin^{-1}x+\cos^{-1}x$ を公式に従って微分してみましたら，驚いたことに，$y'=0$ となってしまいました．これはどういうことでしょう．

答　$y'=0$ ということは，どの点でも接線の傾きが0ということで，y のグラフは x 軸に平行，したがって y が定数関数のことを意味している．$x=0$ のときを考えると，$\sin^{-1}0=0$，$\cos^{-1}0=\frac{\pi}{2}$ だから，y は恒等的に $\frac{\pi}{2}$ に等しい．このことは，$y=\sin^{-1}x$ のグラフと，$y=\cos^{-1}x$ のグラフを注意深く見て，グラフの上で加えてみても，大体察することができる．

導関数を使わないで，加法定理だけを用いて y が定数であることを示すには，$\alpha=\sin^{-1}x$，$\beta=\cos^{-1}x$ とおき，$x=\sin\alpha$，$\sqrt{1-x^2}=\cos\alpha$，$x=\cos\beta$，$\sqrt{1-x^2}=\sin\beta$ に注意して，$\cos(\alpha+\beta)=0$ を導くとよい．これがいえれば，$\sin^{-1}x+\cos^{-1}x=\alpha+\beta=\frac{\pi}{2}$ となる．

第 16 講

不 定 積 分

テーマ
- ◆ 演算と逆演算
- ◆ 積分：　微分の逆演算として
- ◆ 原始関数，積分の定義
- ◆ 不定積分：　$\int f(x)dx + C$
- ◆ 不定積分の公式

演算と逆演算

整数全体を考える．ある数に 5 を加えるという演算によって，それぞれの整数は

$$3 \longrightarrow 8, \quad 22 \longrightarrow 27, \quad -12 \longrightarrow -7$$

のように，別の数へと移される．逆に整数 n が与えられたとき，5 を加えて n となる数，すなわち

$$\boxed{?} \longrightarrow n$$

となる数 $\boxed{?}$ は，もちろん $n-5$ である．5 を引くという演算は，5 を加えるという演算の逆演算である．

同じように，有理数の中で考えて，ある数を 10 倍するという演算の逆演算は，10 で割るという演算で与えられる．

「微分する」ことと「積分する」こと

関数を微分して導関数を求めるということは，

$$x^2 \longrightarrow 2x, \quad \frac{1}{x} \longrightarrow -\frac{1}{x^2}, \quad \sin x \longrightarrow \cos x \tag{1}$$

のように，1 つの関数を，別の関数へ移している，一種の‘演算’であるとみる

ことができる．そのとき，この‘演算’の‘逆演算’，すなわち関数 $f(x)$ が与えられたとき

$$\boxed{?} \xrightarrow{\text{微分する}} f(x)$$

となるような関数 $\boxed{?}$ を求めることが，当然問題となってくる．

このような‘微分する’ことの逆演算を‘積分する’といい，$\boxed{?}$ に入る関数 $F(x)$ のことを，$f(x)$ の原始関数という．

$$F(x) \xleftarrow{\text{積分する}} f(x)$$

たとえば，(1) 式のそれぞれの矢印の向きを逆にして，‘積分する’といういい方と，原始関数という術語を使っていってみると次のようになる

$2x$ を積分すると x^2	$2x$ の原始関数は x^2
$-\dfrac{1}{x^2}$ を積分すると $\dfrac{1}{x}$	$-\dfrac{1}{x^2}$ の原始関数は $\dfrac{1}{x}$
$\cos x$ を積分すると $\sin x$	$\cos x$ の原始関数は $\sin x$

もう少し例を挙げておこう．

【例】$5x^4 - 3x^2$ を積分すると　$x^5 - x^3 \iff (x^5 - x^3)' = 5x^4 - 3x^2$

あるいはいい直すと　$5x^4 - 3x^2$ の原始関数は $x^5 - x^3$

$6e^x + x^3$ を積分すると　$6e^x + \dfrac{1}{4}x^4 \left(\iff \left(6e^x + \dfrac{1}{4}x^4\right)' = 6e^x + x^3\right)$

あるいはいい直すと　$6e^x + x^3$ の原始関数は $6e^x + \dfrac{1}{4}x^4$

標語的にかけば

$$F(x) \xrightarrow{\text{微分する}} f(x)$$

$$\text{原始関数} \xleftarrow[\text{積分する}]{} \text{導関数}$$

積 分 定 数

微分の逆演算としての積分をもう少し詳しく調べてみると，与えられた $f(x)$ の原始関数は1つではないことがわかる．

$2x$ の原始関数は x^2 であるが，そのほかにも $x^2 - 15$ も，$x^2 - 1$ も，x^2 も，$x^2 + 2$ も，$x^2 + 100$ もすべて $2x$ の原始関数となっている．

$\cos x$ の原始関数も，$\sin x + C$ (C は定数) の形の関数が，すべて原始関数と

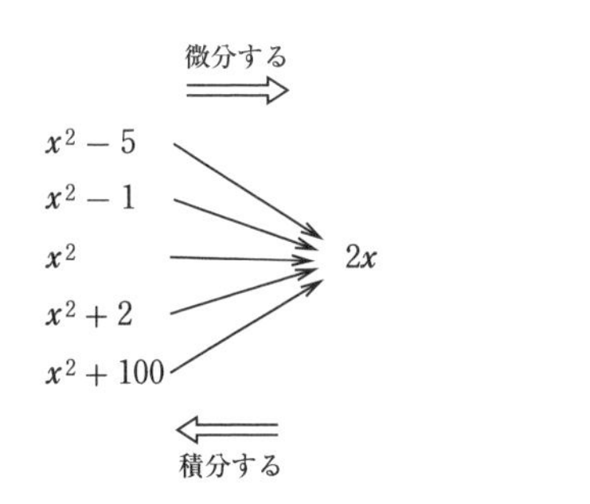

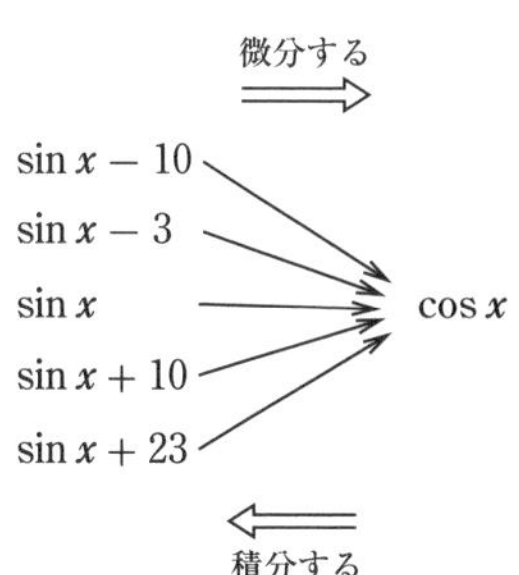

なっている．

一般に次のことが成り立つ．

> $f(x)$ の原始関数の 1 つを $F(x)$ とすると，ほかの原始関数 $G(x)$ は，必ず
> $$G(x)=F(x)+C$$
> と表わされる．ここで C は適当な定数である．

【証明】 $F(x)$，$G(x)$ は $f(x)$ の原始関数だから

$$F'(x)=G'(x)=f(x)$$

したがって

$$(G(x)-F(x))'=G'(x)-F'(x)=f(x)-f(x)=0$$

このことは，関数 $G(x)-F(x)$ の接線の傾きが至る所 0 であること，すなわちグラフが x 軸に平行なことを示している．したがって

$$G(x)-F(x)=C \quad (C\text{ はある定数})$$

が成り立つ．移項すると証明すべき式となっている． ∎

この結果から，$f(x)$ の原始関数の一般的な形は，1 つの原始関数 $F(x)$ をとったとき，

$$F(x)+C$$

と表わされることがわかった．定数 C は，任意に 1 つの実数をとることができるのであるが，この C のことを積分定数という．

不 定 積 分

与えられた関数 $f(x)$ の原始関数の一般形を

$$\int f(x)dx + C \quad (C \text{ は積分定数})$$

とかき，f の不定積分という．あるいは，1つの原始関数を

$$\int f(x)dx$$

とかくこともあるが，上に示したように，この関数は一意的に決まらないので，任意定数 (積分定数) を加えるだけの不定さが残っていることに注意することが必要である．

不定積分の例

$$\int 1\,dx = x + C, \quad \int x\,dx = \frac{1}{2}x^2 + C, \quad \int x^2 dx = \frac{1}{3}x^3 + C$$

一般に

$$\text{(I)} \quad \int x^n dx = \frac{1}{n+1}x^{n+1} + C \quad (n = 0, 1, 2, \ldots)$$

が成り立つ．右辺の関数を微分すると x^n になることを確かめさえすればよい．

$$\int \frac{1}{x^2}dx = -\frac{1}{x} + C, \quad \int \frac{1}{x^3}dx = -\frac{1}{2}\frac{1}{x^2} + C, \ldots$$

一般に

$$\text{(II)} \quad \int \frac{1}{x^n}dx = \frac{1}{-n+1}\frac{1}{x^{n-1}} + C \quad (n = 2, 3, \ldots)$$

注意　$\dfrac{1}{x^n}$ を x^{-n} と表わしておくと，上の2つはまとめて

$$\int x^n dx = \frac{1}{n+1}x^{n+1} + C \quad (n \neq -1)$$

とかける．$n = -1$ のときだけが除かれていることに注意．

$$\text{(III)} \quad \begin{aligned} &\int \sqrt{x}\,dx = \frac{2}{3}x^{\frac{3}{2}} + C \\ &\int \frac{1}{\sqrt{x}}dx = 2\sqrt{x} + C \end{aligned}$$

三角関数の不定積分については次の公式が成り立つ．

$$
\text{(IV)} \quad
\begin{aligned}
&\int \sin x\,dx = -\cos x + C \\
&\int \cos x\,dx = \sin x + C \\
&\int \frac{1}{\cos^2 x}dx = \tan x + C
\end{aligned}
$$

指数関数と対数関数の微分の公式からは，次の公式が導かれる．

$$
\text{(V)} \quad
\begin{aligned}
&\int e^x dx = e^x + C \\
&\int \frac{1}{x}dx = \log|x| + C
\end{aligned}
$$

下の公式については，注意しておく必要がある．$x > 0$ のときには，$|x| = x$ だから，特に問題はない．$x < 0$ としよう．このとき $-x > 0$ で，$|x| = -x$ と表わせる．したがって $\log|x| = \log(-x)$ である．x で微分すると，合成関数の微分の公式から

$$
(\log|x|)' = (\log(-x))' = \frac{1}{-x} \times (-x)' = \frac{1}{-x} \times (-1) = \frac{1}{x}
$$

これを不定積分の形でかくと，公式になる．

逆三角関数の微分の公式から，次の公式が導かれる．

$$
\text{(VI)} \quad
\begin{aligned}
&\int \frac{dx}{\sqrt{1-x^2}} = \sin^{-1} x + C \\
&\int \frac{dx}{1+x^2} = \tan^{-1} x + C
\end{aligned}
$$

問 1　1)　$\int \sqrt[3]{x}\,dx$，$\int \sqrt[4]{x}\,dx$ を求めよ．

2)　$\int x^{\frac{1}{n}} dx \quad (n = 1, 2, \ldots)$ を求めよ．

3)　$\int x^{\frac{1}{n}} dx \quad (n = \pm 1, \pm 2, \ldots)$ を求めよ．

問 2　$a > 1$ のとき

$$
\int a^x dx = \frac{1}{\log a} a^x + C
$$

を示せ．

Tea Time

積分定数についてグラフ上の説明

簡単のため，

$$\int 2x\,dx = x^2 + C$$

の場合に限って説明しよう．$F'(x) = 2x$ となる関数 $F(x)$ を求めるということは，微分の意味から考えると，座標平面上の各点 (x, y) に，接線の傾き $2x$ だけが与えられたとき，これを本当に接線の傾きとするような関数 $y = F(x)$ を求めよということである．接線の傾きとして指示されている点 (x, y) における $2x$ を，この傾きをもつ短い線分として表示すると図81のようになる．たとえば，y 軸に平行な $x = 1$ という直線の上には，傾き2の短い線分が，平行に並んでいる．

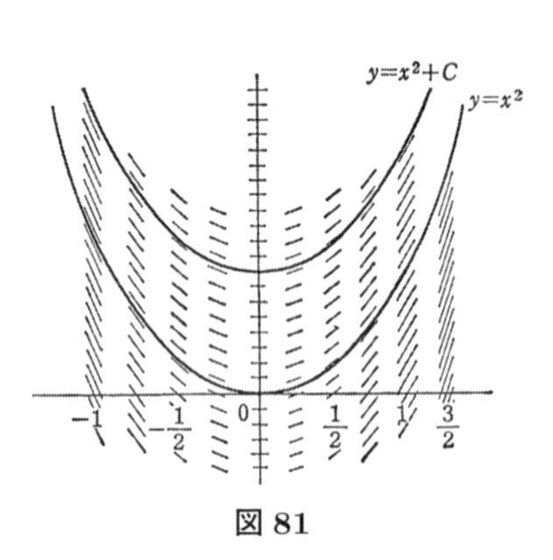

図 81

これは，ちょうど，砂鉄を敷いた紙の下に磁石をおいて砂鉄の向きを揃えたような形をしている．このとき，磁力線に相当するのが，求めたい関数 $y = F(x)$ のグラフである．図からも明らかなように，このような関数のグラフは $y = x^2$ のグラフだけではなく，それを上下に平行移動したもの，すなわち，$y = x^2 + C$ のグラフで与えられる．

これが積分定数のグラフの上での意味となっている．

質問　たし算よりは，その逆演算である引き算の方が難しかったし，掛け算よりは，その逆演算である割り算の方が難しかったと思います．微分よりは，不定積分を求める方が，やはりずっと難しいことなのでしょうか．

答　冗談のようないい方をすれば，一般的には，生むことよりは，生みの親を見つける方が難しい．微分するとは，関数 f から，新しい関数 f' を生むことであった．それに反し，積分では，与えられた関数 f に対して $F' = f$ となる関数 F を求めることを問題とするが，このような F があるかないか——f を生んだ親がいるのか，いないのか——が，すでにはっきりしないことがある．たとえば，平面上に撒かれた砂鉄の向きが，各 x に対し，まったくでたらめな方向に並んでいたら，それを上手につないで，'磁力線' $y = F(x)$ をかくことはほとんど不可能なことになる．もちろん f があまり意地悪でないふつうの関数ならば，f の原始関数 F は存在する．

しかし，今度は存在したとしても，その関数 F が，有理関数や三角関数や指数関数などを使ってかき表わされる関数なのかどうか——生みの親は，私達がふだんつき合っている範囲の中の人なのかどうか——ということが，別の新しい問題となってくる．このことについては，昔から多くの研究があるが，一般的な理論は難しくて，専門家以外には，深い霧の中にあるといってよい．

第 17 講

不定積分の公式

テーマ
- ◆ 不定積分の和の公式
- ◆ 部分積分の公式
- ◆ 置換積分の公式

和の公式

指数法則を逆に見直すと対数の公式を与えるように，積分は微分の逆演算だから，微分法の公式から，不定積分の公式が導かれる．

第 7 講で与えた公式 (I), (II) は導関数の形でかけば

$$(f+g)'=f'+g', \quad (af)'=af' \quad (a \text{ は定数})$$

である．この公式から，不定積分の公式

$$\text{(I)}' \quad \int (f(x)+g(x))\,dx = \int f(x)\,dx + \int g(x)\,dx$$

$$\text{(II)}' \quad \int af(x)\,dx = a\int f(x)\,dx$$

が得られる．

【証明】 (I)$'$：$F(x)=\int f(x)\,dx$，$G(x)=\int g(x)\,dx$ とおく．$F'=f$，$G'=g$ により，$(F+G)'=F'+G'=f+g$

したがって積分の定義から

$$\int (f(x)+g(x))\,dx = F(x)+G(x)$$
$$= \int f(x)\,dx + \int g(x)\,dx$$

(II)$'$：$F(x)=\int f(x)\,dx$ とおく．$F'=f$．したがって $aF'=af$．$aF'=$

$(aF)'$ だから $(aF(x))' = af(x)$. 積分の定義から $\int af(x)\,dx = aF(x) = a\int f(x)\,dx$ ∎

注意 (I)′, (II)′ とも，積分定数を除いて等しいという意味である．

【例 1】

$$\int (2x + x^3)\,dx = 2\int x\,dx + \int x^3 dx = 2 \times \frac{x^2}{2} + \frac{1}{4}x^4 + C = x^2 + \frac{1}{4}x^4 + C$$

【例 2】

$$\int (5\sin x - 8e^x)\,dx = 5\int \sin x\,dx - 8\int e^x\,dx = -5\cos x - 8e^x + C$$

部分積分の公式

第 9 講で与えた積の微分の公式 $(fg)' = f'g + fg'$ は，部分積分の公式とよばれている次の公式を導く．

$$\text{(III)}' \quad \int f(x)g'(x)\,dx = f(x)g(x) - \int f'(x)g(x)\,dx$$

【証明】 $(f(x)g(x))' = f'(x)g(x) + f(x)g'(x)$ を積分すると

$$f(x)g(x) = \int f'(x)g(x)\,dx + \int f(x)g'(x)\,dx \tag{1}$$

移項して (III)′ が得られる． ∎

注意 (1) 式の表わし方は実は正確ではない．左辺が決まった関数なのは，右辺は積分定数だけ任意性があるからである．しかし移項して公式 (III)′ の形にかくと，両辺は積分定数の任意性が認められているという暗黙の了解があって，意味のある式となる．

公式 (III)′ で

$$h(x) = g'(x) \text{ とおくと，} \int h(x)\,dx = g(x)$$

したがって (III)′ は

$$\text{(III)}'' \quad \int f(x)h(x)\,dx = f(x)\cdot\int h(x)\,dx - \int f'(x)\left(\int h(x)\,dx\right)dx$$

ともかける．実際公式を使うときには，(III)$''$ の方が使いやすい．

【例 3】 $\int xe^x dx$ を求めよ．

公式 (III)$''$ で $f(x)=x$，$h(x)=e^x$ とおくと $\int h(x)\,dx = e^x$．したがって

$$\int xe^x\,dx = xe^x - \int (x)'e^x\,dx = xe^x - \int e^x\,dx$$
$$= xe^x - e^x + C$$

【例 4】 $\int x^2e^x dx$ を求めよ．

公式 (III)$''$ で $f(x)=x$，$h(x)=xe^x$ とおき，例 3 の結果を使う．

$$\int x^2e^x dx = x\,(xe^x - e^x) - \int (x)'\,(xe^x - e^x)\,dx$$
$$= x^2e^x - xe^x - \int (xe^x - e^x)\,dx$$
$$= x^2e^x - xe^x - (xe^x - e^x) + e^x + C$$
$$= x^2e^x - 2xe^x + 2e^x + C$$

【例 5】 $\int \log x\,dx$ を求めよ．

公式 (III)$''$ で $f(x)=\log x$，$h(x)=1$ とおくと $\int h(x)\,dx = x$．したがって

$$\int \log x\,dx = \int 1\cdot\log x\,dx = x\log x - \int (\log x)'\cdot x\,dx$$
$$= x\log x - \int 1dx = x\log x - x + C$$

置換積分の公式

合成関数の微分の公式 (VI) を不定積分の公式に移しかえてみよう．

いま変数 x が，もう 1 つ別の変数 t によって

$$x = x(t)$$

と表わされていたとする．このとき

(V)$'$	$\int f(x)\,dx = \int f(x(t))x'(t)\,dt$

【証明】 $F(x) = \int f(x)\,dx$ とおく．$F(x) = F(x(t))$ を変数 x で微分したものか，変数 t で微分したものかをはっきりさせるため，前者を $\frac{d}{dx}F(x)$，後者を $\frac{d}{dt}F(x(t))$ で表わす．

合成関数の微分の公式から

$$\frac{d}{dt}F(x(t)) = \frac{d}{dx}F(x) \cdot \frac{dx}{dt} = \frac{d}{dx}F(x) \cdot x'(t)$$

$$= f(x) \cdot x'(t) = f(x(t)) \cdot x'(t)$$

したがって

$$\int f(x)\,dx = F(x) = F(x(t)) = \int f(x(t)) \cdot x'(t)\,dt$$

ゆえに

$$\int f(x)\,dx = \int f(x(t)) \cdot x'(t)\,dt$$

■

【例 6】 $\int \cos 2x\,dx$ を求めよ．

$t = 2x$ とおく．$x = \frac{1}{2}t$．したがって $x'(t) = \frac{1}{2}$．公式から

$$\int \cos 2x\,dx = \int \cos t \cdot \frac{1}{2}\,dt = \frac{1}{2}\int \cos t\,dt$$

$$= \frac{1}{2}\sin t + C = \frac{1}{2}\sin 2x + C$$

【例 7】 $\int (ax+b)^n dx \quad (a \neq 0)$ を求めよ．

$t = ax + b$ とおく．$x = \frac{1}{a}(t - b)$ により，$x'(t) = \frac{1}{a}$．公式から

$$\int (ax+b)^n dx = \int t^n \cdot \frac{1}{a}dt = \frac{1}{a}\int t^n dt$$

$$= \frac{1}{a}\frac{1}{n+1}t^{n+1} + C$$

$$= \frac{1}{a}\frac{1}{n+1}(ax+b)^{n+1} + C$$

置換積分の公式に対する一注意

置換積分の適用に対しては，第 14 講で述べたような，$\frac{dy}{dx}$ という導関数に対する記号の導入が有効である．置換積分の公式自体が，この微分の記号を用いることによって，より簡明にか

ける.

$$\int f(x)dx = \int f(x(t))\frac{dx}{dt}dt$$

ここで記号の上だけであるが，左辺と右辺を見比べると

$$dx = \frac{dx}{dt}dt$$

となっていて，形式的には右辺の dt が消し合って dx となるような，いわば記号の使い方に整合性がある．dx とか $\int$ の記号はライプニッツ (1646–1716) による.

いま置換積分の公式を用いて

$$\int \frac{\cos x}{\sin x}dx$$

を計算しようとする．このとき手がかりとして

$$t = \sin x$$

とおくのは自然な発想であるが，$x'(t)$ が求めにくい．しかし

$$x'(t) = \frac{dx}{dt} = \frac{1}{\frac{dt}{dx}}$$

である (この最後の関係は，第 14 講で求めてある．逆関数の微分は，もとの関数の逆数である！).

$\frac{dt}{dx}$ を求めるには

$$dt = (\sin x)'dx = \cos x\,dx$$

でよい (第 14 講 Tea Time 参照)．したがって $dx = \frac{1}{\cos x}dt$ となり,

$$\int \frac{\cos x}{\sin x}dx = \int \frac{\cos x}{t}\frac{1}{\cos x}dt = \int \frac{1}{t}dt$$

$$= \log|t| + C = \log|\sin x| + C$$

問 1　次の関数の不定積分を求めよ.

1)　$\frac{5}{\sqrt{1-x^2}} + \frac{2}{1+x^2}$

2)　$(3x-7)^5 + 6(2x+7)^2$

3)　$x^2 \sin x$

問 2　部分積分の公式 (III)$''$ で，$\int h(x)dx$ を 1 つとってくる代りに，別の h の原始関数，たとえば $\int h(x)dx + 1$ をとっても，結果に変わりのないことを確かめよ.

問 3　$\int e^x \sin x\,dx$ において，$f(x) = \sin x$，$g(x) = e^x$ とおいて部分積分の公式

を適用せよ．同時に $\int e^x \cos x\, dx$ についても部分積分の公式を適用せよ．この 2 式を見比べることにより，$\int e^x \sin x\, dx$，$\int e^x \cos x\, dx$ を求めよ．

この結果を $\int e^{ax} \sin bx\, dx$，$\int e^{ax} \cos bx\, dx$ に対して一般化せよ．

問 4　$\int \tan x\, dx$ を求めよ．

Tea Time

多項式関数と有理関数の不定積分

多項式で与えられる関数

$$f(x) = a_0x^n + a_1x^{n-1} + a_2x^{n-2} + \cdots + a_{n-1}x + a_n$$

の不定積分は，公式 (I)$'$，(II)$'$ を使うだけで

$$\int f(x)dx = \frac{a_0}{n+1}x^{n+1} + \frac{a_1}{n}x^n + \frac{a_2}{n-1}x^{n-1} + \cdots + \frac{a_{n-1}}{2}x^2 + a_nx + C$$

と求められる．すなわち多項式の不定積分は多項式である．

有理関数の不定積分は，有理関数とは限らない．その最も典型的な例として

$$\int \frac{1}{x}dx = \log|x| + C, \quad \int \frac{1}{1+x^2}dx = \tan^{-1} x + C$$

がある．この結果は有理関数の不定積分が一般には，難しいものであることを予想させる．しかし，有理関数の不定積分に関する一般論があって，有理関数の不定積分は，有理関数と，上の $\log|x|$ と，$\tan^{-1} x$ を適当に組み合わせて表わされることが知られている．

質問　微分の公式は，不定積分の公式に翻訳されるはずなのに，どうして商の微分の公式 (IV)，(V) だけが，不定積分の公式 (IV)$'$，(V)$'$ として再登場してこなかったのでしょうか．

答　もちろん (IV) を読み直した

$$\int \frac{f'(x)}{\{f(x)\}^2}dx = \frac{-1}{f(x)} + C$$

は1つの公式となるが，これを不定積分の公式として一般に明記しないのは，左辺の関数の形が，あまり特殊すぎて，適用する機会が少ないことによるのだろう．

むしろ不定積分の公式としては，第14講問3で与えた‘対数微分’の式の，積分形が有用である．すなわち

$$\int \frac{f'(x)}{f(x)}dx = \log|f(x)| + C$$

この公式はしばしば用いられる．たとえば

$$\int \frac{2x+1}{x^2+x-3}dx = \int \frac{\left(x^2+x-3\right)'}{x^2+x-3}dx = \log|x^2+x-3| + C$$

第 18 講

グラフのつくる図形の面積

テーマ

- ◆ $y=f(x)$ のグラフのつくる図形
- ◆ グラフを挟む‘上の階段’ $\longrightarrow$ 外からの面積
- ◆ グラフを挟む‘下の階段’ $\longrightarrow$ 内からの面積
- ◆ 面積：外からの面積=内からの面積

グラフのつくる図形

関数 $y=f(x)$ が与えられたとしよう．$a \leqq x \leqq b$ で $(a \neq b)$，$f(x)>0$ とする．図 82 のように，グラフと，x 軸と y 軸に平行な直線 $x=a$，$x=b$ によって 1 つの図形 S ができる．この図形を S としよう．この図形 S の面積とは何であろうか．この講の主題は，S の面積を正確に定義してみることである．

まず $f(x)=c$ (定数) のとき，S は長方形となり，面積は $(b-a)c$ となる．これを面積概念の出発点としよう．

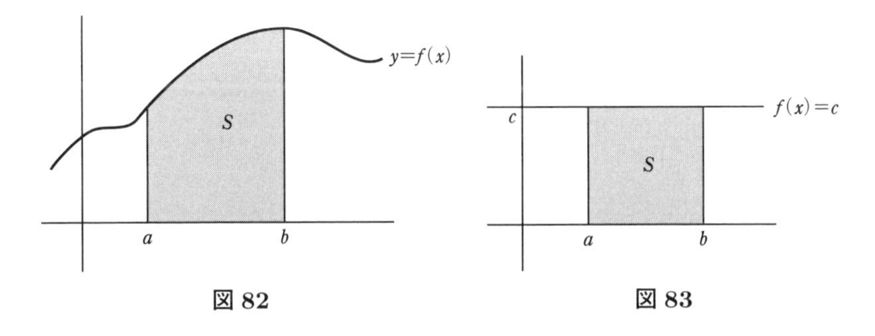

図 82　　図 83

グラフを挟む‘上の階段’，‘下の階段’

話を進めるため，関数 $y=x$ のグラフが，x 軸と $x=0$ (y 軸)，$x=1$ でつくる図形 S の考察から始めよう．S は直角三角形で，その面積は，1 辺が 1 の正方

形の面積の半分だから，明らかに

$$S \text{ の面積} = \frac{1}{2} \qquad (1)$$

面積の考えを，一般の場合へ拡張していく手がかりを得るためには，この三角形の面積 $\frac{1}{2}$ を，階段状の図形の面積の極限として，改めて得てみたい．

そのため区間 [0, 1] を n 等分し，その分点を $\mathrm{A}_0, \mathrm{A}_1, \ldots, \mathrm{A}_n$ とする．

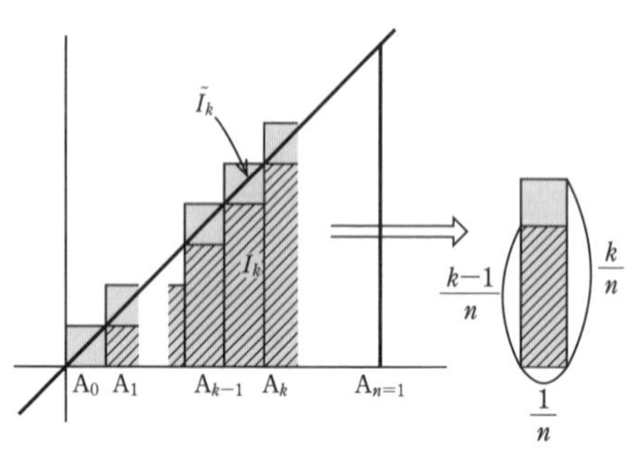

図 84

$$\mathrm{A}_0 = 0, \quad \mathrm{A}_1 = \frac{1}{n}, \quad \mathrm{A}_2 = \frac{2}{n}, \quad \ldots, \quad \mathrm{A}_k = \frac{k}{n}, \quad \ldots, \quad \mathrm{A}_n = \frac{n}{n} = 1$$

である．各 $\mathrm{A}_{k-1}\mathrm{A}_k (k = 1, 2, \ldots, n)$ 上に，$y = x$ のグラフを挟む，2 つの長方形 $\tilde{I}_k$，I_k をつくる．$\tilde{I}_k$ の高さは $\frac{k}{n}$ であり，I_k の高さは $\frac{k-1}{n}$ である．したがって

$$\tilde{I}_k \text{ の面積} = \frac{1}{n} \cdot \frac{k}{n}, \quad I_k \text{ の面積} = \frac{1}{n} \cdot \frac{k-1}{n}$$

そこで，長方形 $\hat{I}_1, \hat{I}_2, \ldots, \hat{I}_n$ を集めて得られる階段状の図形を $\tilde{S}_n$ とおく．また長方形 $I_2, I_3, \ldots, I_n$ を集めて得られる階段状の図形を S_n とおく（$\tilde{S}_n$ と S_n は，それぞれ S を上と下から挟む階段である）．

$$\begin{aligned}
\tilde{S}_n \text{ の面積} &= \frac{1}{n} \cdot \frac{1}{n} + \frac{1}{n} \cdot \frac{2}{n} + \cdots + \frac{1}{n} \cdot \frac{k}{n} + \cdots + \frac{1}{n} \cdot \frac{n}{n} \\
&= \frac{1}{n^2}(1 + 2 + \cdots + n) = \frac{1}{n^2} \cdot \frac{n(n+1)}{2} \\
S_n \text{ の面積} &= \frac{1}{n^2}\{1 + 2 + \cdots + (n-1)\} = \frac{1}{n^2} \cdot \frac{n(n-1)}{2}
\end{aligned}$$

注意　$1 + 2 + 3 + \cdots + n = \frac{n(n+1)}{2}$ である．

作り方から明らかに

$$S_n \text{ の面積} < S \text{ の面積} < \tilde{S}_n \text{ の面積} \qquad (2)$$

ここで n をどんどん大きくして，[0, 1] の分点を細かくする．このとき‘上の階段’$\tilde{S}_n$ も，‘下の階段’S_n もともに S に近づいていく．面積はどのような値に近づくだろうか．n が大きくなると

$$\tilde{S}_n \text{ の面積} = \frac{1}{n^2}\frac{n(n+1)}{2} = \frac{1}{2}\left(1+\frac{1}{n}\right) \longrightarrow \frac{1}{2}$$

同様に

$$S_n \text{ の面積} \longrightarrow \frac{1}{2}$$

したがって (2) 式から，サンドウィッチのように真中に挟まれている S の面積は $\frac{1}{2}$ に等しくなくてはいけないことが結論された．これで (1) 式が再び確認された．

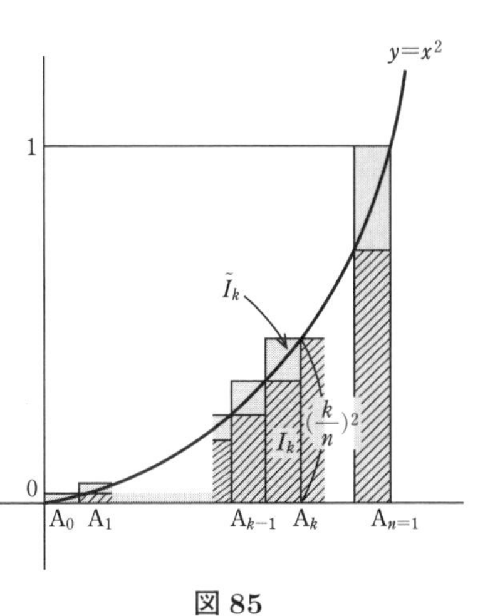

図 85

同じ考えで，放物線 $y=x^2$ のグラフが，x 軸と $x=0$, $x=1$ でつくる図形 S の面積を求めてみよう．このとき区間 [0, 1] の n 等分点 (0=) $A_0, A_1, \ldots, A_k, \ldots, A_n$ (=1) の各 $A_{k-1}A_k$ を底辺として，$y=x^2$ のグラフを挟む 2 つの長方形 $\tilde{I}_k$, I_k をつくることができる．このとき $\tilde{I}_k$ の高さは $\left(\frac{k}{n}\right)^2$, I_k の高さ $\left(\frac{k-1}{n}\right)^2$．したがって，$\tilde{I}_1, \tilde{I}_2, \ldots, \tilde{I}_n$ を集めて得られる‘上の階段’$\tilde{S}_n$ と，$I_2, I_3, \ldots, I_n$ を集めて得られる‘下の階段’S_n の面積は次式で与えられる．

$$\begin{aligned}\tilde{S}_n \text{ の面積} &= \frac{1}{n}\left\{\left(\frac{1}{n}\right)^2+\left(\frac{2}{n}\right)^2+\cdots+\left(\frac{n}{n}\right)^2\right\}\\ &= \frac{1}{n^3}(1^2+2^2+\cdots+n^2) = \frac{1}{n^3}\cdot\frac{1}{6}n(n+1)(2n+1)\\ S_n \text{ の面積} &= \frac{1}{n}\left\{\left(\frac{1}{n}\right)^2+\left(\frac{2}{n}\right)^2+\cdots+\left(\frac{n-1}{n}\right)^2\right\}\\ &= \frac{1}{n^3}\frac{1}{6}n(n-1)(2n-1)\end{aligned}$$

注意　$1^2+2^2+3^2+\cdots+n^2 = \frac{1}{6}n(n+1)(2n+1)$ である．

明らかに

$$S_n \text{ の面積} < S \text{ の面積} < \tilde{S}_n \text{ の面積}$$

が成り立ち，n が大きくなると

$$S_n, \tilde{S}_n \text{ の面積} \longrightarrow \frac{1}{3}$$

となる．実際

$$\tilde{S}_n \text{ の面積} = \frac{1}{n^3}\cdot\frac{1}{6}n(n+1)(2n+1) = \frac{1}{3}+\frac{1}{2n}+\frac{1}{6n^2} \longrightarrow \frac{1}{3}$$

同様に

$$S_n \text{ の面積} \longrightarrow \frac{1}{3}$$

このことから S の面積が $\frac{1}{3}$ であることが結論された．

外からの面積，内からの面積

最初に述べた，$y=f(x)$ のグラフが区間 $[a,b]$ 上でつくる図形 S を考察しよう．区間 $[a,b]$ を n 等分して，その分点を $\mathrm{A}_0, \mathrm{A}_1, \ldots, \mathrm{A}_n$ とする．

$$\mathrm{A}_0 = a,\quad \mathrm{A}_1 = a+\frac{b-a}{n},\quad \mathrm{A}_2 = a+\frac{2(b-a)}{n},\ldots,\quad \mathrm{A}_k = a+\frac{k(b-a)}{n},\ldots,$$
$$\mathrm{A}_n = a+\frac{n(b-a)}{n} = b$$

である．前と同じように，長さ $\frac{b-a}{n}$ の線分 $\mathrm{A}_{k-1}\mathrm{A}_k$ 上に2つの長方形 $\tilde{I}_k$，I_k を立てて，$y=f(x)$ のグラフを上と下から挟みたいのだが，一般の場合には，$y=x$，$y=x^2$ のグラフと違って単調増加とは限らないから，図86のように $\tilde{I}_k$，I_k をつくらなくてはならない．すなわち

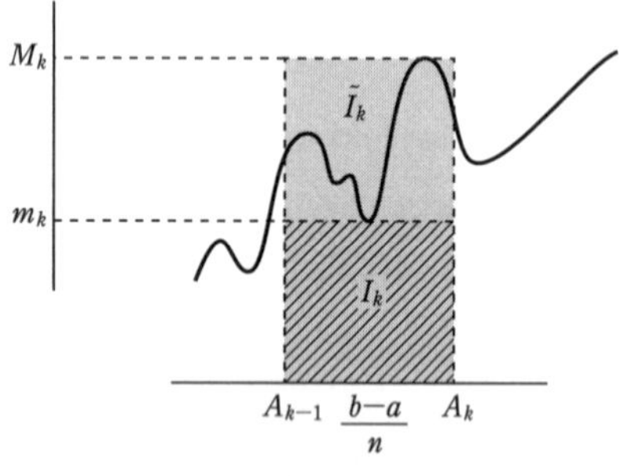

図86

M_k：　区間 $[\mathrm{A}_{k-1}, \mathrm{A}_k]$ における
　　$f(x)$ の最大値 (この区間でのグラフの山の頂の高さ)

m_k：　区間 $[\mathrm{A}_{k-1}, \mathrm{A}_k]$ における $f(x)$ の最小値 (この区間でのグラフの谷底の高さ)

とおいて，

$\tilde{I}_k$：　$\mathrm{A}_{k-1}\mathrm{A}_k$上の高さ M_kの長方形

I_k：　$\mathrm{A}_{k-1}\mathrm{A}_k$上の高さ m_kの長方形

とする.

$$\tilde{I}_k \text{ の面積} = \frac{b-a}{n} \cdot M_k, \quad I_k \text{ の面積} = \frac{b-a}{n} \cdot m_k$$

である.

$\tilde{I}_1, \tilde{I}_2, \ldots, \tilde{I}_n$ を併せて得られる階段状の図形 $\tilde{S}_n$ は, 区間 $[a, b]$ において $y = f(x)$ のつくる図形 S に対する‘上の階段’となっている.

同様に $I_1, I_2, \ldots, I_n$ を併せて得られる階段状の図形 S_n は, S に対する‘下の階段’となっている.

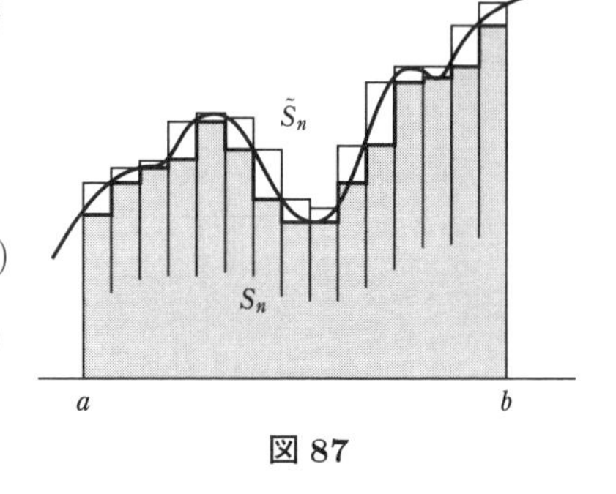

図 87

$$\tilde{S}_n \text{ の面積} = \frac{b-a}{n}(M_1 + M_2 + \cdots + M_n)$$
$$S_n \text{ の面積} = \frac{b-a}{n}(m_1 + m_2 + \cdots + m_n)$$

であって

$$S_n \text{ の面積} \leqq \tilde{S}_n \text{ の面積}$$

である.

n をどんどん大きくすると, $\tilde{S}_n$ はしだいに小さくなりながらある決まった値 A に, また S_n はしだいに大きくなりながらある決まった値 B に近づくことが知られている. $B \leqq A$ が常に成り立つ.

いわば, A は S の‘外からの面積’であり, B は S の‘内からの面積’である.

S の 面 積

関数 $y = f(x)$ といっても, 実に複雑なものもあるから, 私達が考える‘S の面積’とはどのようなものかを, はっきり決めておいた方が, 紛れがなくてよい.

【定義】 ‘外からの面積’ A の値と, ‘内からの面積’ B の値とが一致するとき, S は面積をもつといい, この一致した値を S の面積という.

しかし, 私達がここで取り扱う関数は, それほど複雑なものではないので, そのグラフのつくる図形 S はすべて面積をもっている. もう少しはっきりとしたいい方で述べれば，連続関数のグラフのつくる図形 S は，必ず面積をもっている．

これからは，面積というときには，いままで述べてきたような，グラフを挟む階段状の図形の面積の極限の値として考えることにする．

問 1　$y = x^2$ のグラフと，x 軸，直線 $x = 1$，$x = 2$ で囲まれる図形の面積を求めよ．

問 2　$1^3 + 2^3 + 3^3 + \cdots + n^3 = \dfrac{n^2(n+1)^2}{4}$ という結果を用いて，$y = x^3$ のグラフと，x 軸，y 軸，および直線 $x = 1$ によってつくられる図形の面積を求めよ．

Tea Time

グラフが面積をもたない関数の例

ふつうの関数のグラフをかいても，そのつくる図形はすべて面積をもっているから，面積をもたないような例をつくるには，よほど複雑な関数をもってこなくてはいけないだろう．そのような複雑な関数の例を 1 つ与えておく．

いま

$$f(x) = \begin{cases} 1, & x \text{ が無理数} \\ 0, & x \text{ が有理数} \end{cases}$$

と定義された関数 $y = f(x)$ を考える．数直線上で，無理数を表わす点と，有理数を表わす点は，水の中の水素原子と酸素原子のようにまじり合って存在しているから，$y = f(x)$ のグラフは，無限に 0 と 1 とを往復しており，これを現実にかいてみせるわけにはいかない．しかし，ひとまず (頭の中で) グラフのつくる面積というものを考えることができる．このグラフに対する‘上の階段’は常に高さ 1 である (どんな区間 $\mathrm{A}_{k-1}\mathrm{A}_k$ をとっても，その中に無理数を表わす点があり，$M_k = 1$ となるから)．‘下の階段’は常に高さ 0 である (どんな区間 $\mathrm{A}_{k-1}\mathrm{A}_k$ をとっても，その中に有理数を表わす点があり，$m_k = 0$ となるから)．したがって，区間 [0, 1] 上で考えたこのグラフの場合，‘外からの面積’は 1 で，‘内からの面積’は 0 となり，この 2 つの値は一致しない．

質問　面積など，疑う余地のない概念と思っていましたが，複雑な曲線で囲まれた図形を考えてみると，面積というものを，実はよくわかっていないのだということを感じました．ここでの説明は，大体理解したつもりですが，面積をこんなに難しく定義してしまって，これで本当に半径 r の円の面積が πr^2 であることが示されるのかと，心配になりました．

答　心配の点はもっともなことである．ここで与えた面積の定義では，分点の数を増やしていくと，階段状の図形はますます細かくなって，この面積は，求めたい図形の面積に限りなく近づいていく．したがって，コンピュータに階段状の図形の面積を算出するプログラムを入れておけば，いくらでもよい近似値を示してくれるだろう．だが，近似値の精度をいくらよくしてみても，たとえば，円の面積がちょうど πr^2 であるということを証明したことにはならない．

与えられた図形の面積を厳密に求める方法は別にある．これについては，第 20 講で述べる．円の面積が πr^2 であることの証明は，第 21 講で与える．

第 19 講

定　積　分

テーマ

- ◆ 和の記号：$\sum$
- ◆ 定積分 $\int_a^b f(x)dx$ の定義
- ◆ 定積分の符号
- ◆ 定積分の和の公式

和の記号 $\sum$

ある一般的な規則で並んでいる数列や，式の系列を順次加えるとき，和の記号 $\sum$ がよく用いられる．

【例】 $\displaystyle\sum_{k=1}^{n} k = 1 + 2 + \cdots + n$

(左辺の式は $k = 1$ から始めて，$k = n$ まで加えるということを意味している)

【例】 $\displaystyle\sum_{k=1}^{n} \sin kx = \sin x + \sin 2x + \cdots + \sin nx$

【例】 $\displaystyle\sum_{k=1}^{2n} \frac{1}{k+a} = \frac{1}{1+a} + \frac{1}{2+a} + \cdots + \frac{1}{2n+a}$

定積分の定義

これから取り扱う関数は，すべて，グラフのつくる図形が面積をもつものだけだから，以下，面積をもつということを特に断らない．

区間 $[a, b]$ で，$f(x) \geqq 0$ のとき，$[a, b]$ 上で $y = f(x)$ のグラフのつくる図形の面積を，記号で

$$\int_a^b f(x)dx$$

で表わし，$f(x)$ の a から b までの定積分という．

面積の定義から

$$\int_a^b f(x)dx = \lim_{n\to\infty} \frac{b-a}{n} \sum_{k=1}^{n} f\left(a + \frac{b-a}{n}k\right) \tag{1}$$

である．ここで右辺の lim の中は，$[a, b]$ を n 等分したとき，線分 $\mathrm{A}_{k-1}\mathrm{A}_k$ の右側の点 A_k における f の高さをとってつくった長方形の面積の和を表わしている．

注意深い読者は，前講では，長方形の高さは，m_k，M_k という特別なものをとったのにと思うかもしれないが (図 87 参照)，面積をもつと仮定しておいたから，$\frac{1}{n}\sum m_k$ も $\frac{1}{n}\sum M_k$ も同じ値に近づく．したがって間に挟まれている

$$\frac{1}{n}\sum m_k \leqq \frac{1}{n}\sum f\left(a + \frac{b-a}{n}k\right) \leqq \frac{1}{n}\sum M_k$$

も同じ値に近づき，上の定義でさしつかえないのである．

ここで，$f(x) \geqq 0$，$a < b$ という制限もはずして，任意の関数 $f(x)$ に対して，a から b までの定積分を定義したい．そのため (1) 式の右辺に注目したい．右辺の式を見る限り，ひとまず面積の概念は消えて，f と，a, b だけ与えればかき表わされる式となっている．したがって，これを新しい定義の出発点として採用することができる．

【定義】 任意の関数 $f(x)$，および任意の a, b に対して，$f(x)$ の a から b までの定積分を

$$\int_a^b f(x)dx = \lim_{n\to\infty} \frac{b-a}{n} \sum_{k=1}^{n} f\left(a + \frac{b-a}{n}k\right) \tag{2}$$

により定義する．

定積分の符号

$a = b$ のとき，定積分の定義の右辺の式は $\frac{b-a}{n} = 0$ により，0 となる．したがって

$$\int_a^a f(x)dx = 0 \tag{3}$$

次に

$$\int_b^a f(x)\,dx = -\int_a^b f(x)\,dx \tag{4}$$

を示しておこう．$\int_b^a f(x)dx$ を定義に従ってかくと

$$\int_b^a f(x)dx = \lim_{n\to\infty}\frac{a-b}{n}\sum_{k=1}^{n} f\left(b+\frac{a-b}{n}k\right) \tag{5}$$

である．この右辺と (2) 式の右辺を見比べると，$\frac{a-b}{n}$ と $\frac{b-a}{n}$ は符号だけが違っている．$\sum$ の中は，a と b の間の n 等分点を，b の方から a の方へ読んでいくか，a から b の方へ読んでいくかの違いにすぎない (もちろん，分点 $\mathrm{A}_{k-1}, \mathrm{A}_k$ のつくる線分 $\mathrm{A}_{k-1}\mathrm{A}_k$ 上で‘長方形’を立てる場合，(2) 式と (5) 式では右端の f の値をとるか，左端の f の値をとるかの違いは生ずる．これが極限をとったときの値に影響しないことは，前に述べた注意を参照のこと)．したがって $\int_b^a f(x)dx$ と $\int_a^b f(x)dx$ とは符号が異なるだけである．これで (4) 式が証明された．

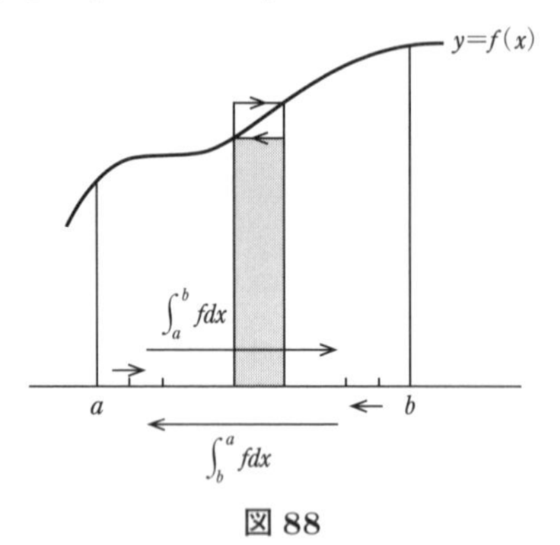

図 88

$f(x)<0$ で，$a<b$ ならば　$\int_a^b f(x)dx<0$
$f(x)<0$ で，$a>b$ ならば　$\int_a^b f(x)dx>0$

上の関係は定義 (2) から，下の関係は，この結果と (4) 式からすぐにわかる．

定積分の和の公式

次の公式が成り立つ．

$$\int_a^b (\alpha f(x)+\beta g(x))dx$$

$$= \alpha \int_a^b f(x)dx + \beta \int_a^b g(x)dx \quad (\alpha, \beta \text{ は定数}) \tag{6}$$

$$\int_a^c f(x)dx = \int_a^b f(x)dx + \int_b^c f(x)dx \tag{7}$$

公式 (6) は，(2) 式を用いて

$$\begin{aligned}
\int_a^b (\alpha f(x) + \beta g(x))dx &= \lim_{n\to\infty} \frac{b-a}{n} \sum_{k=1}^{n} \left\{ \alpha f\left(a + \frac{b-a}{n}k\right) + \beta g\left(a + \frac{b-a}{n}k\right) \right\} \\
&= \alpha \lim_{n\to\infty} \frac{b-a}{n} \sum_{k=1}^{n} f\left(a + \frac{b-a}{n}k\right) \\
&\quad + \beta \lim_{n\to\infty} \frac{b-a}{n} \sum_{k=1}^{n} \left(a + \frac{b-a}{n}k\right) \\
&= \alpha \int_a^b f(x)dx + \beta \int_a^b f(x)dx
\end{aligned}$$

が成り立つからである．

厳密にいうと，2 番目の等式から 3 番目の等式に移るとき，lim の外に，定数 α，β を出してよいことや，$\sum$ を分けて lim をとってもよいことなどを，暗黙のうちに使っている．このようなことが許されることは，実は証明することができる (第 24 講参照)．

公式 (7) が成り立つことは，たとえば $a < b < c$ のときには，直観的には次のようにしてわかる．区間 $[a, c]$ の n 等分点の，各線分上に立てられた長方形 ($y = f(x)$ のグラフの階段！) を，$[a, b]$ 上に底辺があるものと，$[b, c]$ 上に底辺があるものとの 2 つに分ける．そこで $n \to \infty$ とすると，分点の間の幅は一斉に細くなり，結局，極限 $\int_a^c f(x)dx$ の値は 2 つに分けられて

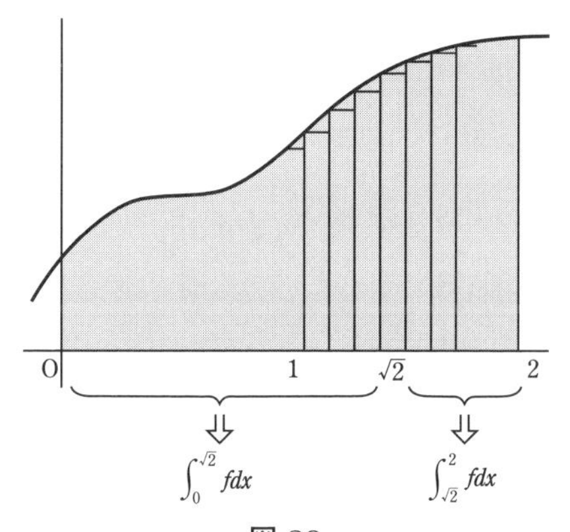

図 89

$$\int_a^b f(x)\,dx + \int_b^c f(x)\,dx$$

となる．

しかし，ここでも厳密にいえば，たとえば

$$\int_0^2 f(x)dx = \int_0^{\sqrt{2}} f(x)\,dx + \int_{\sqrt{2}}^2 f(x)\,dx$$

をいま述べたように証明しようとすると，区間 [0, 2] の n 等分点 $\mathrm{A}_0, \mathrm{A}_1, \ldots, \mathrm{A}_n$ をとったとき，必ずある k で

$$\mathrm{A}_{k-1} < \sqrt{2} < \mathrm{A}_k$$

となり，線分 $\mathrm{A}_{k-1}\mathrm{A}_k$ 上に立てた長方形の底辺は，$[0, \sqrt{2}]$ と $[\sqrt{2}, 2]$ の両方にまたがって，この長方形をどちらの組に入れてよいのかわからなくなる．実際は，n をどんどん大きくしていくと，このように両方の区間にまたがっている長方形の面積はいくらでも小さくなり，結果に影響しなくなってくる．

問 1　$\int_0^{2\pi} \sin x\,dx = 0$，$\int_0^{2\pi} \cos x\,dx = 0$ を示せ．

問 2　前講の結果を用いて

$$\int_0^1 (5x^2 - 2x)dx$$

を求めよ．

Tea Time

定積分に関する 1 つの不等式

いま関数 $y = f(x)$ が，区間 $[a, b]$ で

$$m \leqq f(x) \leqq M$$

を満たしているとする．このとき不等式

$$m(b-a) \leqq \int_a^b f(x)\,dx \leqq M(b-a)$$

が成り立つ．

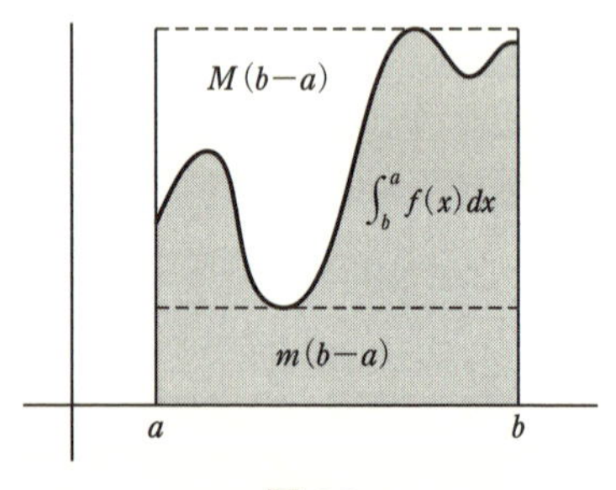

図 90

この不等式は，グラフの上からはほとんど明らかであろう (図 90 参照)．

証明をするとすれば，定義式 (2) に戻らなくてはならない．仮定により

$$m \leqq f\left(a + \frac{b-a}{n}k\right) \leqq M \quad (k = 1, 2, \ldots, n)$$

だから

$$\frac{b-a}{n}\overbrace{(m+m+\cdots+m)}^{n\text{ 個}} \leqq \frac{b-a}{n}\sum_{k=1}^{n} f\left(a+\frac{b-a}{n}k\right) \leqq \frac{b-a}{n}\overbrace{(M+M+\cdots+M)}^{n\text{ 個}}$$

したがって

$$m(b-a) \leqq \frac{b-a}{n}\sum_{k=1}^{n} f\left(a + \frac{b-a}{n}k\right) \leqq M(b-a)$$

両端にある式は，n によらないことに注意して $n \to \infty$ とすると

$$m(b-a) \leqq \int_a^b f(x)dx \leqq M(b-a)$$

が得られる．

質問 定積分の記号 $\int_a^b f(x)dx$ は，いつのまにか見なれてしまいましたが，改めて見直すと，僕などにはとても思いつきそうもない記号です．誰がこの記号を考えたのですか．

答 この記号を創案したのは，ライプニッツであるといわれている．記号 $\int$ は，和の記号 $\sum$，もう少し詳しくいうと，ラテン語の‘和’，summa の頭文字 S に相当するギリシャ文字 Σ (シグマ) を変形したものであるという．したがって記号 $\int_a^b f(x)dx$ は，高さ $f(x)$ と，微小な長さ‘dx’(もちろん，このいい方に正確な意味はないが) をかけて，加え合わせることを示唆している．ライプニッツという数学者は，‘数学の秘密はその記号にあり’という言葉を残していることからもわかるように，数学における記号のもつ意味をよく知っていた．

第 20 講

定積分と不定積分

テーマ
- ◆ 定積分によって表わされる関数 $G(x)=\int_a^x f(x)dx$
- ◆ $G'(x)=f(x)$
- ◆ 定積分と不定積分の関係
- ◆ 微分・積分法の基本定理

定積分によって表わされる関数

関数 $y=f(x)$ が与えられたとき，a を 1 つとめて

$$G(x)=\int_a^x f(x)dx \tag{1}$$

とおくことにより，新しい関数 $G(x)$ が得られる．前講 (3) 式により

$$G(a)=0 \tag{2}$$

である．

図 91 で示すように，$f(x)>0$ ならば，x が a から出発して大きくなるとき，$G(x)$ は a から x までのグラフの面積を示し，この値は x とともに増加する．他方，$x<a$ ならば $G(x)<0$ となっていることに注意しよう (第 19 講，(4) 式参照)．

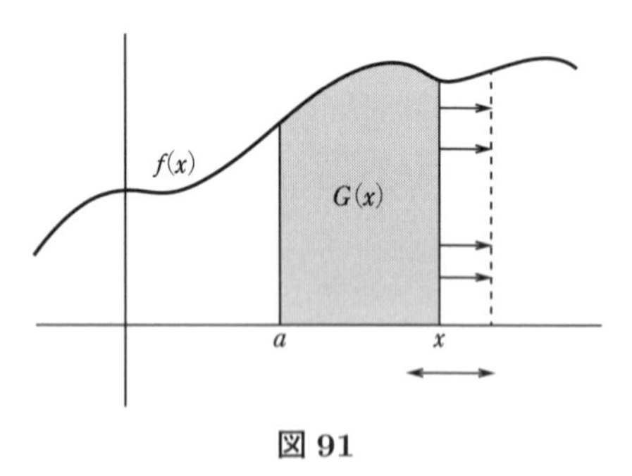

図 91

定積分によって表わされる関数の微分

(1) 式によって定義された関数 $G(x)$ を微分することを試みよう．

$$G'(x) = \lim_{h \to 0} \frac{1}{h}\{G(x+h) - G(x)\}$$
$$= \lim_{h \to 0} \frac{1}{h}\left\{\int_a^{x+h} f(x)dx - \int_a^x f(x)dx\right\}$$
$$= \lim_{h \to 0} \frac{1}{h}\int_x^{x+h} f(x)dx$$

いま，区間 $[x, x+h]$ における $f(x)$ の最大値を M，最小値を m とする．このとき不等式

$$m \cdot h \leqq \int_x^{x+h} f(x)dx \leqq M \cdot h$$

が成り立つ (前講 Tea Time 参照)．したがって

$$m \leqq \frac{1}{h}\int_x^{x+h} f(x)dx \leqq M$$

$h \to 0$ とすると，区間 $[x, x+h]$ はしだいに小さくなって 1 点 x に近づく．したがってまた $M \to f(x)$，$m \to f(x)$ となる．ゆえに $h \to 0$ のとき，上の不等式の両辺は $f(x)$ に近づき，結局

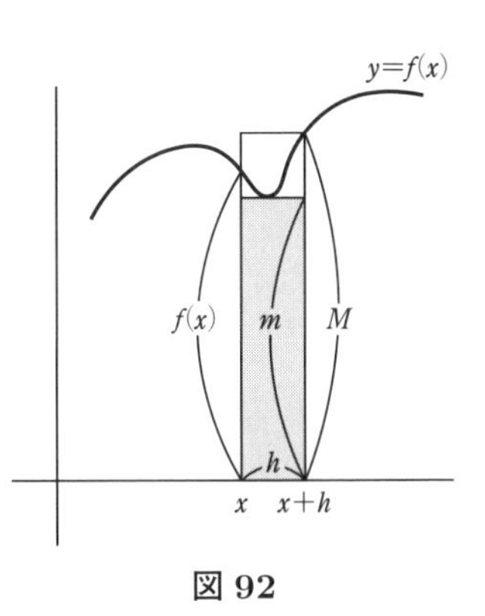

図 92

$$G'(x) = f(x) \tag{3}$$

が示された．

すなわち，関数 (1) を微分すると，もとの関数に戻る．

定積分と不定積分

$f(x)$ の原始関数 $F(x)$ を任意に 1 つとる．(3) 式により，$G(x)$ も $f(x)$ の 1 つの原始関数となっている．したがって $F(x)$ と $G(x)$ の違いは，積分定数だけである．

$$G(x) = F(x) + C$$

(2) 式により $G(a) = 0$．したがって

$$F(a) + C = 0, \quad C = -F(a)$$

ゆえに

$$G(x) = F(x) - F(a)$$

$x = b$ とおいて，$G(x)$ の定義式 (1) に戻ると，結局

$$\int_a^b f(x)dx = F(b) - F(a) \qquad (4)$$

が得られた．(4) 式の右辺を $F(x)|_a^b$ と表わすこともある．

【例 1】 $y = x^n (n = 1, 2, \ldots)$ を上の $f(x)$ にとる．このとき

$$\int x^n dx = \frac{1}{n+1} x^{n+1} + C$$

x^n の原始関数を $F(x)$ として $\frac{1}{n+1}x^{n+1}$ をとり，(4) 式を適用すると

$$\int_a^b x^n dx = \frac{1}{n+1}(b^{n+1} - a^{n+1})$$

特に $a = 0$，$b = 1$ をとると

$$\int_0^1 x^n dx = \frac{1}{n+1}(1^{n+1} - 0^{n+1}) = \frac{1}{n+1}$$

この式は $y = x^n$ のグラフが区間 [0, 1] でつくる図形の面積が $\frac{1}{n+1}$ であることを示している．$n = 1, 2$ の場合が，第 18 講で計算したものとなっている．

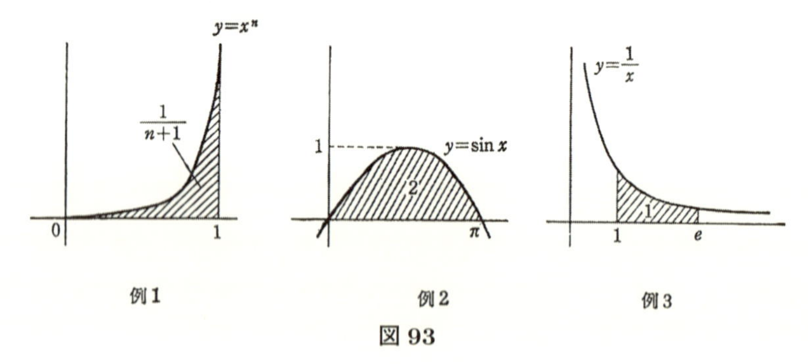

図 93

【例 2】 $y = \sin x$ のグラフが $0 \leqq x \leqq \pi$ で，x 軸とつくる図形の面積を求めよ．

求める面積は

$$\int_0^\pi \sin x\, dx$$

で与えられる．$\int \sin x\, dx = -\cos x$ だから，(4) 式により，

$$\int_0^\pi \sin x\, dx = -\cos\pi - (-\cos 0) = -(-1) + 1 = 2$$

【例 3】 $y=\dfrac{1}{x}$ のグラフが，$1 \leqq x \leqq e$ で x 軸と囲む図形の面積を求めよ．

$$\int \frac{1}{x}dx = \log|x| + C$$

したがって求める面積は

$$\int_1^e \frac{1}{x}dx = \log e - \log 1 = 1$$

微分・積分法の基本定理

公式 (4) を，微分・積分法の基本公式，または基本定理という．

この基本定理の示していることは，上の例でも示したように，関数のグラフがつくる図形の面積――定積分――を，微分の逆演算――不定積分――によって求めることができるということである．

定積分を生んだ母胎は，面積の考えである．一方，不定積分を生んだ母胎は，微分の概念であって，それはさかのぼれば，グラフの 1 点における接線の傾きである．グラフの面積は，関数の大域的 (global) な挙動にかかわっている．それに反し，微分は，関数の局所的 (local) な性質だけに注目している．微分・積分法の基本公式は，関数のこのような大域的な様相と，局所的な様相とが，この公式によって結ばれていることを示している．

また，面積の考えは，エジプトの測量術にまでその源をたどれるような，古くからあった基本的な考えである．しかし，与えられた面積を具体的に計算することは，非常に難しい問題であった．他方，不定積分は，微分の逆演算として比較的計算は簡単であるが，グラフの性質と，どのように関係しているかは，あまり明らかなことではなかった．すなわち，定積分の考えは，明快であるが，計算しにくく，不定積分の方は計算はしやすいが，そのグラフに対する意味は，判然としなかった．微分・積分法の基本公式は，いわばそれぞれのもつ長所と短所とを，互いに補うような形で，2 つのものを等号で結んでいる．

この定理のもつ意味は，まことに深いものがある．

問 1　$y = x^2 - 6x + 5$ のグラフが x 軸と囲む図形の面積を求めよ．

問 2　原点を通る直線 $y = (e-1)x$ と $y = e^x - 1$ のグラフによって囲まれる図

形の面積を求めよ.

問 3　$y = \cos x$ と $y = \sin x$ のグラフによって囲まれる図 94 の部分の面積を求めよ.

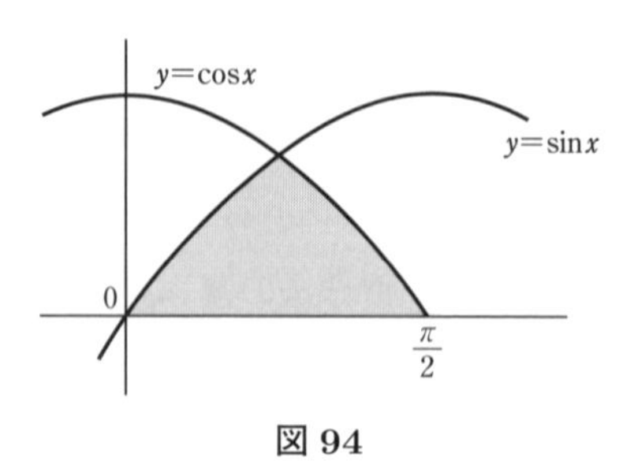

図 94

Tea Time

質問　微分, 積分は, ニュートンとライプニッツにより創始されたと聞きましたが, それはいつ頃のことだったのでしょうか.

答　ニュートンは 1642 年に英国に生まれた. ニュートンがトリニティ・カレッジにいた 1665 年から 1666 年はペストが流行し, カレッジは閉鎖されてしまった. ニュートンは田舎に帰って思索に耽るようになったが, 微積分学の基本的な着想はすでにこのとき得ていたという. 1670 年代になって微積分に関するいくつかの論文をかいた. しかしこれらの成果に基づいて, 彼の物理学, 天文学に関する大きな仕事を, 解析的な方法によって総合した不朽の著作『プリンキピア (自然哲学の数学的原理)』が公刊されたのは 1687 年のことであった.

ライプニッツは, 1646 年ライプツィヒに生まれた. ライプニッツは, ニュートンにおくれること約 10 年で, ニュートンとはまったく独立に微積分の考えに到達し, 1676 年までには, ニュートンがその数年前までに得ていたものとほとんど同じ成果を得ていた. 1686 年の論文ではここに述べた微分・積分の基本定理を, 明確な形で述べている.

第 21 講

円の面積と球の体積

テーマ
- ◆ 円の面積と定積分
- ◆ 不定積分 $\int \sqrt{1-x^2}dx$
- ◆ 回転体の体積
- ◆ 球の体積

円の面積と定積分

半径 r の円の面積が πr^2 に等しいことを，定積分を用いて示してみたい．もっとも，半径 r の円は，半径 1 の円を r 倍相似拡大することによって得られ，面積比は相似比の 2 乗だから，半径 1 の円の面積が π であることを示せばよい．したがって以下では

「半径 1 の円の面積は π である」

ことを，定積分を用いて証明する．

さて，原点中心，半径 1 の円の方程式は

$$x^2+y^2=1 \tag{1}$$

で与えられる ($x=\cos\theta$, $y=\sin\theta$ のことを思い出しておこう)．この円の右上半部 (図 95 の斜線部) は，円全体の $\frac{1}{4}$ を占めているから，この面積が $\frac{\pi}{4}$ であることを示そう．この右上半部のグラフは (1) 式を $y \geqq 0$ で解いて

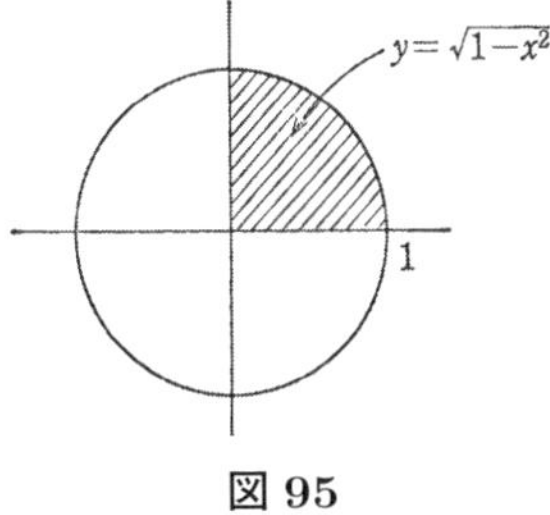

図 95

$$y=\sqrt{1-x^2} \quad (0 \leqq x \leqq 1)$$

で与えられている．

したがって，求めたい面積は，0 から 1 までのこの関数の定積分の値に等しい．結局，私達が証明したいのは次の事実である．

$$\frac{\pi}{4} = \int_0^1 \sqrt{1-x^2}\,dx \qquad (?)$$

不定積分 $\int\sqrt{1-x^2}\,dx$

微分・積分法の基本定理によれば，(?) を示すには，不定積分 $\int\sqrt{1-x^2}\,dx$ が求められればよい．この不定積分は，部分積分を用いて次のように求められる．

$$\begin{aligned}\int\sqrt{1-x^2}\,dx &= \int 1\cdot\sqrt{1-x^2}\,dx\\ &= x\sqrt{1-x^2} - \int x\left(\sqrt{1-x^2}\right)'dx \quad (\text{部分積分})\\ &= x\sqrt{1-x^2} - \int x\cdot\frac{-2x}{2\sqrt{1-x^2}}\,dx \quad (\text{合成関数の微分})\\ &= x\sqrt{1-x^2} + \int \frac{x^2}{\sqrt{1-x^2}}\,dx\\ &= x\sqrt{1-x^2} - \int \frac{1-x^2-1}{\sqrt{1-x^2}}\,dx \quad (\text{式の変形})\\ &= x\sqrt{1-x^2} - \int\sqrt{1-x^2}\,dx + \int\frac{dx}{\sqrt{1-x^2}}\end{aligned}$$

この最後に得られた式の 2 項目を左辺に移項することにより，

$$2\int\sqrt{1-x^2}\,dx = x\sqrt{1-x^2} + \int\frac{dx}{\sqrt{1-x^2}}$$

私達は，$\int\frac{dx}{\sqrt{1-x^2}} = \sin^{-1}x + C$ であることはすでに知っている (第 16 講 (VI))．
したがって

$$\int\sqrt{1-x^2}\,dx = \frac{1}{2}\left(x\sqrt{1-x^2} + \sin^{-1}x\right) + C \qquad (2)$$

が得られた．

注意　実際は，この式を用いて定積分を計算するとき $x=1$ での値が入用となり，したがって上の計算で $\sqrt{1-x^2}$ で割っている所に，はっきりとした意味——極限としての意味——をつけないといけないのだが，そのような論点の細部には立ち入らない．

(?) の証明

(2) 式を用いれば，(?) の証明は簡単である.

$$\int_0^1 \sqrt{1-x^2}\,dx = \frac{1}{2}\left(x\sqrt{1-x^2}+\sin^{-1}x\right)\Big|_0^1$$
$$= \frac{1}{2}\left(\sin^{-1}1-\sin^{-1}0\right) = \frac{\pi}{4}$$

これで (?) が証明された.

ついでながら図 96 で，$\angle AOC = \frac{\pi}{4}$ とすると，弧状三角形 OBC の面積は，$\frac{1}{2}\times\frac{\pi}{4}=\frac{\pi}{8}$ である．一方この面積は $\triangle OAC$ の面積 $\left(=\frac{1}{4}\right)$ と弧状三角形 ABC の面積を加えて得られるはずである．すなわち次の等式が成り立つはずである.

$$\frac{\pi}{8} = \frac{1}{4} + \int_{\frac{1}{\sqrt{2}}}^1 \sqrt{1-x^2}\,dx$$

これを実際確かめてみることは 1 つの演習問題になる.

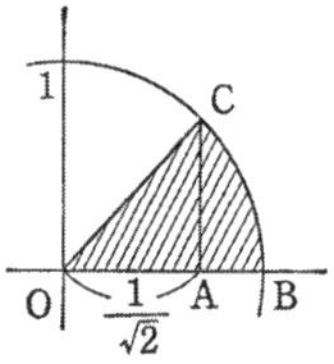

図 96

回転体の体積

半径 1 の球の体積が $\dfrac{4}{3}\pi$ であることを示したいのだが，球は，円を直径を軸として回転して得られる立体である．したがってここでは問題を一般にして，まず回転体の体積を求める公式をつくっておこう.

関数 $y=f(x)$ は，区間 $[a, b]$ で $f(x) \geqq 0$ を満たすとする．いまこのグラフを，x 軸を軸として，空間の中で 1 回転すると，回転体 V が得られる．V の 2 つの底面は円であって，両端の線分 $x=a,\ 0 \leqq y \leqq f(a)$ と，$x=b,\ 0 \leqq y \leqq f(b)$ を回転したものとなっている (図 97).

区間 $[a,b]$ を n 等分して，その分点の座標を

$$(a=)\ x_0,\ x_1,\ x_2,\ \ldots,\ x_k,\ \ldots,\ x_n\ (=b)$$

とする．ここで

$$x_k = a + \frac{b-a}{n}k \tag{3}$$

である.

図 98 のように，x_{k-1}, x_k の間にある回転体 V の部分を薄い円板 W_k でおき換える.

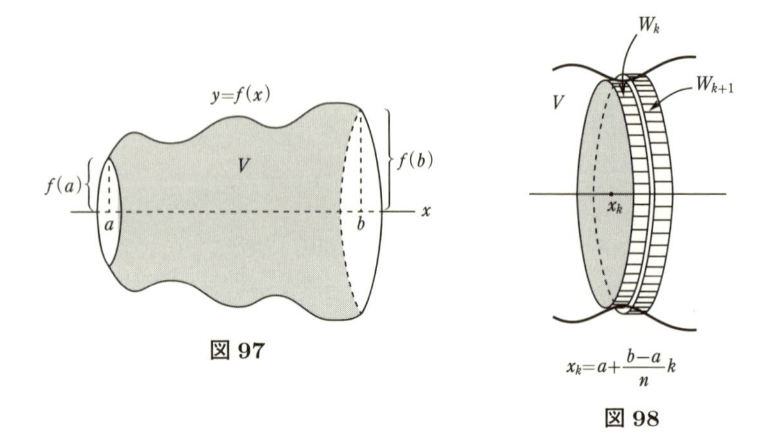

図 97

図 98

W_k は，厚さ $\frac{b-a}{n}$，底面は半径 $f(x_k)$ の円である．したがって (3) 式を用いて W_k の体積は

$$\underset{\Uparrow \atop \text{高さ}}{\frac{b-a}{n}} \times \pi \underbrace{\left\{f\left(a+\frac{b-a}{n}k\right)\right\}^2}_{\Uparrow \atop \text{底面の面積}}$$

で与えられる．

$W_1, W_2, \ldots, W_n$ を集めて得られる立体 W は，円板を横に並べて貼り合わせたような形をしているが，W はいわば，立体 V を近似する‘円板状の階段’であるといってよい．W の体積は

$$\frac{b-a}{n} \times \pi \sum_{k=1}^{n} \left\{f\left(a+\frac{b-a}{n}k\right)\right\}^2$$

である．

n を大きくして，分点の個数を増やしていくと，W はしだいに回転体 V に近づいていくだろう．したがって

$$V \text{ の体積} = \lim_{n\to\infty} \frac{b-a}{n} \times \pi \sum_{k=1}^{n} \left\{f\left(a+\frac{b-a}{n}k\right)\right\}^2$$

となる．この右辺を，第 19 講 (1) 式と見比べると，右辺は，$\pi\{f(x)\}^2$ という関数の，a から b までの定積分の値となっている．

したがって公式

$$V\text{ の体積} = \pi \int_a^b \{f(x)\}^2 dx$$

が証明された．

球 の 体 積

原点を中心とする半径 1 の円の上半部は

$$y = \sqrt{1 - x^2}$$

のグラフで与えられる．これを x 軸を軸として回転すると，半径 1 の球が得られる．したがって上の公式から，半径 1 の球の体積は

$$\pi \int_{-1}^{1} (\sqrt{1 - x^2})^2 dx = \pi \int_{-1}^{1} (1 - x^2) dx = \pi \left(x - \frac{x^3}{3} \right) \Bigg|_{-1}^{1}$$
$$= \pi \left\{ \frac{2}{3} - \left(-\frac{2}{3} \right) \right\} = \frac{4}{3}\pi$$

これはよく知られた結果となっている．

Tea Time

グラフを y 軸を軸として回すと——

ここでは例題を示しておこう．$y = x^2$ のグラフの $0 \leqq x \leqq \frac{1}{2}$ の部分を x 軸を軸として回転して得られる回転体を V_1，y 軸を軸として回転して得られる回転体を V_2 とする．V_1 と V_2 は，どちらの体積がどれだけ大きいだろうか．

図で見るとわかるように，V_1 に比べて V_2 は，底が浅く広い水盤のような形をしている．公式から

$$V_1\text{ の体積} = \pi \int_0^{\frac{1}{2}} x^4 dx = \pi \frac{1}{5} \left(\frac{1}{2} \right)^5$$

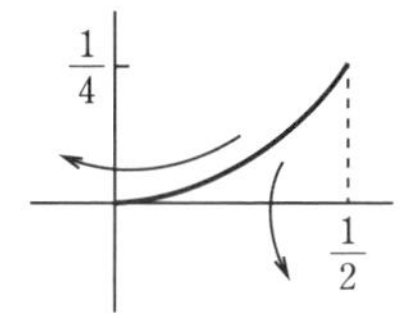

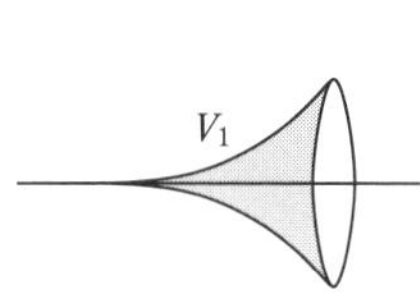

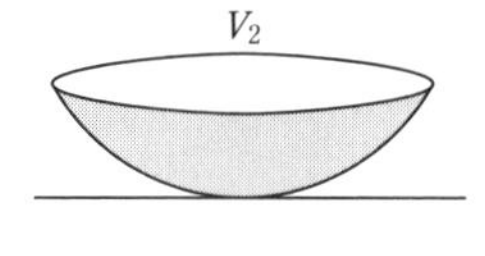

図 99

V_2 の体積を求めるには，y 軸の方からグラフを眺める必要がある．すなわち $x = \sqrt{y}$ に対して公式を使う．

$$\begin{aligned} V_2 \text{ の体積} &= \pi \int_0^{\frac{1}{4}} (\sqrt{y})^2 dy = \pi \int_0^{\frac{1}{4}} y\,dy \\ &= \pi \frac{1}{2} y^2 \Big|_0^{\frac{1}{4}} = \pi \cdot \frac{1}{2} \cdot \left(\frac{1}{4}\right)^2 = \pi \left(\frac{1}{2}\right)^5 \end{aligned}$$

したがって V_1 の体積は V_2 の体積の $\frac{1}{5}$ であり，いい換えれば，コップ V_1 の 5 杯分の水が，水盤 V_2 に入る．

第 22 講

関数の例

テーマ

- 連続関数
- 定義域と連続性
- $y = \sin\dfrac{1}{x}$ のグラフ
- $y = x\sin\dfrac{1}{x}$ のグラフ

この講は，幕間のような講であって，いくつかの関数の例を示すことにより，関数概念をもう少し豊かなものとしたいという意図をもっている．

連続関数

関数 $y = f(x)$ が連続であるとは，直観的にはグラフがつながっていることであると考えてほしい．グラフがつながっているという感じを，数学では次のようにいい表わす．

> 変数 $x(\neq a)$ が a に近づくとき，$f(x)$ の値が $f(a)$ に限りなく近づくとする．このとき，$f(x)$ は，$x = a$ で連続であるという．各点 a で連続のとき，$f(x)$ は連続関数であるという．

この定義で，グラフのつながっている感じがかなりよく表わされているということは，たとえば，グラフがつながっていないときの例 (図 100) を見るとよい．このグラフで，x が左から a に近づくとき，$f(x)$ の値は 1 に近づくが，実際の f の値は，ここでジャンプして $f(a) = 2$

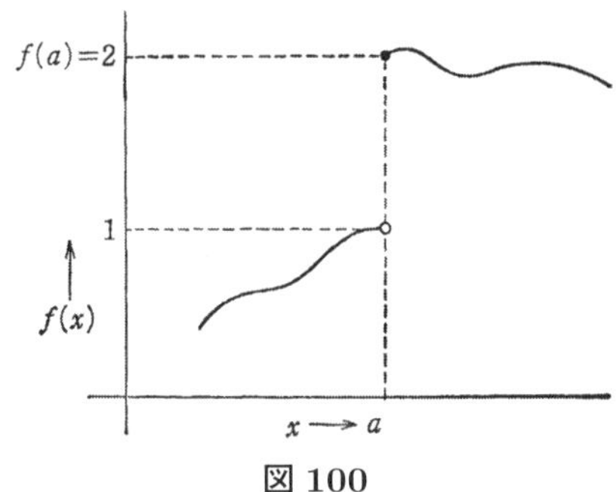

図 100

となっているから，この近づく値は $f(a)$ の値と一致しない．すなわち，$f(x)$ は $x=a$ で連続でない．

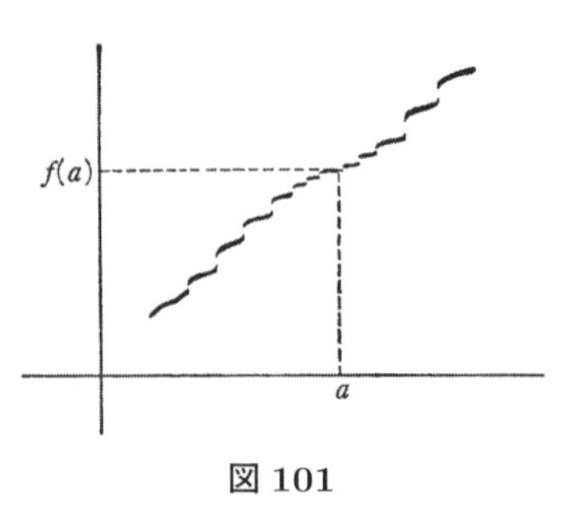

図 101

注意　1点 $x=a$ だけで $f(x)$ が連続というだけでは，a の近くでグラフがちぎれちぎれになりながら，$f(x)$ の値は $f(a)$ に近づいていくということもある (図 101)．このときグラフはもちろんつながっていない．上の連続性の定義で，「各点 a で」とかいたところが大切なのである．

$y=2x^2+5$ や $y=x^3+3x^2+6x-5$ などの関数——一般には多項式で表わされる関数——はすべて連続である．$y=e^x$，$\sin x$，$\cos x$ も連続な関数である．$y=\log x$ も連続であるが，この場合関数の定義されている場所は $x>0$ である．

定義域と連続性

$y=\tan x$ は，$x\neq\pm\frac{\pi}{2},\pm\frac{3}{2}\pi,\ldots$ のところで定義されており定義域では連続関数であるが，たとえば x が左から $\frac{\pi}{2}$ に近づくときの y の挙動を

$$\lim_{x\to\frac{\pi}{2}-0}\tan x=+\infty$$

と表わし，また右から $\frac{\pi}{2}$ に近づくときの y の挙動を

$$\lim_{x\to\frac{\pi}{2}+0}\tan x=-\infty$$

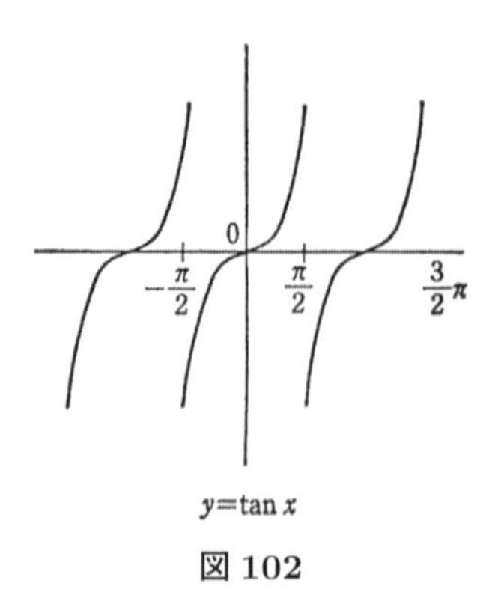

図 102

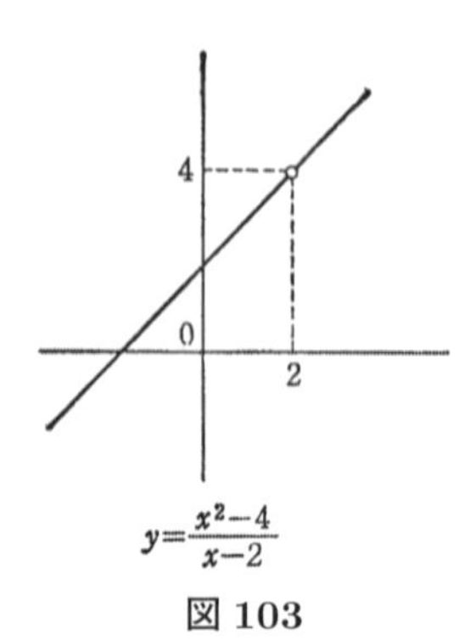

図 103

のように表わし，この状況を $y=\tan x$ は $x=\dfrac{\pi}{2}$ で不連続であるという (図 102).

多少違った状況であるが，

$$y=\frac{x^2-4}{x-2} \quad \left(=\frac{(x-2)(x+2)}{x-2}\right)$$

は，$x\neq 2$ のときは，$y=x+2$ となる．しかし $x=2$ のときは，分母が 0 だから，y は定義されていない．y の定義域は $x<2$ と $2<x$ である．定義されていない $x=2$ において，新しく値 4 をおいて

$$f(x)=\begin{cases}4, & x=2\\ \dfrac{x^2-4}{x-2}, & x\neq 2\end{cases}$$

と関数を定義すると，$f(x)$ は至るところ連続な関数となる (図 103).

$\boldsymbol{y=\sin\frac{1}{x}}$

$y=\sin\dfrac{1}{x}$ は，$x\neq 0$ のところで定義されていて連続である．$y=0$ となる x は

$$\pm\frac{1}{\pi},\ \pm\frac{1}{2\pi},\ \pm\frac{1}{3\pi},\ \cdots$$

にあって，$x=0$ に密集していく．グラフは図 104 のように表わされる．$x=0$ の近くでは，限りなく波打って，そのグラフを描くわけにはいかない．定義されていない $x=0$ に，どのような値をおいてみても，この関数を $x=0$ で連続とすることはできない．

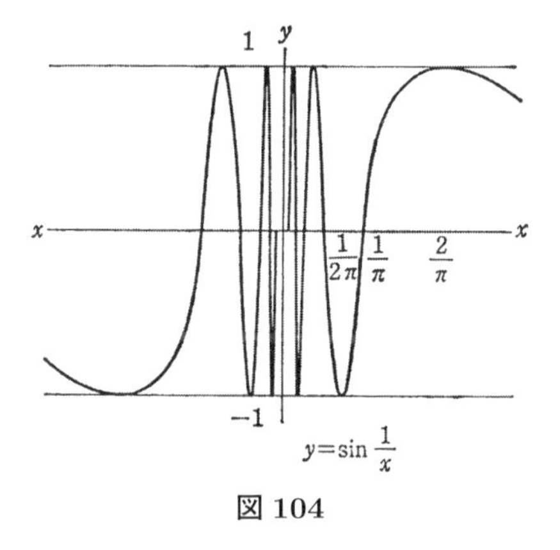

図 104

$\boldsymbol{y=x\sin\frac{1}{x}}$

このグラフは，いわば $y=\sin\dfrac{1}{x}$ の波頭が，$y=x$ と，$y=-x$ で押えられてしまった様相を呈して，波長が短くなりながら，原点へと近づく．$x=0$ のときの値は 0 と定義して新しく関数

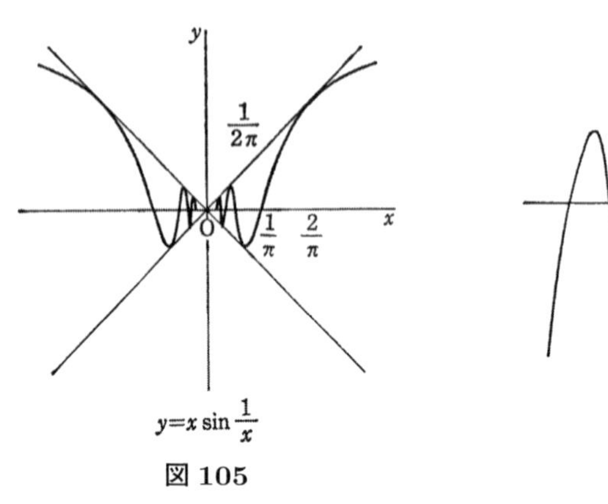

図 105

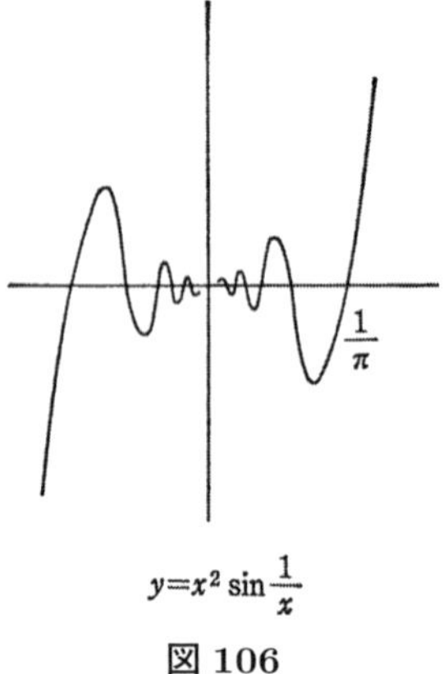

図 106

$$f(x)=\begin{cases} x\sin\dfrac{1}{x}, & x\neq 0 \\ 0, & x=0 \end{cases}$$

を考えると，$f(x)$ は至る所連続な関数である (図 105).

同様な関数であるが，

$$g(x)=\begin{cases} x^2\sin\dfrac{1}{x}, & x\neq 0 \\ 0, & x=0 \end{cases}$$

を考えることもできる．$y=g(x)$ のグラフは，$y=x^2$ と $y=-x^2$ の間を波打ちながら原点へと近づいていく (図 106).

念のため，関数 $y=f(x)$ と $y=g(x)$ が，$x=0$ で微係数をもつかどうか，定義に戻って調べておこう.

$f(x)$ について：　f が $x=0$ で微係数をもつかどうかは，極限値

$$\lim_{h\to 0}\frac{h\sin\dfrac{1}{h}-0}{h}=\lim_{h\to 0}\sin\frac{1}{h}$$

が存在するかどうかを見るとよい．しかし $y=\sin\dfrac{1}{x}$ のグラフを見てもわかるように，この右辺の極限値は存在しない．したがって $f(x)$ は，原点において微分不可能であって，微係数をもたない.

$g(x)$ について：

$$\lim_{h\to 0}\frac{h^2\sin\dfrac{1}{h}-0}{h}=\lim_{h\to 0}h\sin\frac{1}{h}=0$$

したがって，$g(x)$ は原点において微分可能であって

$$g'(0) = 0$$

注意　$y = g(x)$ のような複雑な形をしたグラフになってくると，$g'(0)$ が接線の傾きを与えるといっても，ふつうの意味で考える接線の感じとは必ずしも対応しなくなってきて，直観的な感じと，数学の定義が少し分かれてくる．

問 1

$$\operatorname{sgn} x = \begin{cases} 1, & x > 0 \\ 0, & x = 0 \\ -1, & x < 0 \end{cases}$$

のグラフをかけ．

問 2　$y = \dfrac{1}{x}\sin\dfrac{1}{x}$ のグラフはどんな形になるか．

Tea Time

2 変数の関数

座標平面上の各点 (x, y) に対して，1 つの実数を対応させる規則は，

$$z = f(x, y)$$

と 2 変数の関数として表わされる．この対応を，平面上の点 (x, y) に，'高さ' が与えられていると考えると，この関数のグラフをかくことができる．グラフは曲面のような形になる．

たとえば，$z = x^2 + y^2$ は 2 変数の関数で，このグラフは，図 107 のような曲面で表わされる．

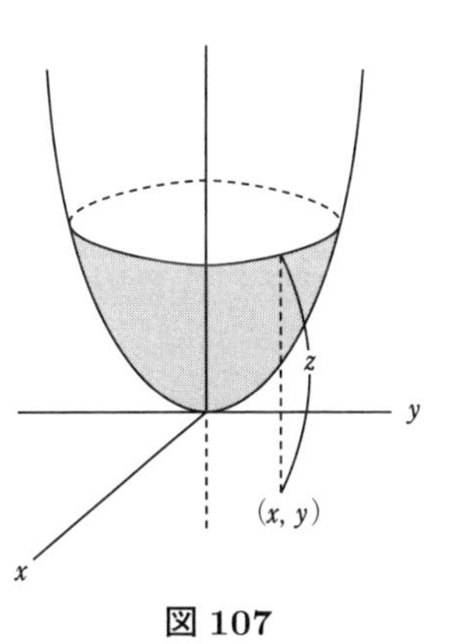

図 107

関数 $z = f(x, y)$ で，y を定数と思って，x で微分して得られる関数を $\dfrac{\partial z}{\partial x}$ とかき，z の x に関する偏導関数という．

たとえば，

$$z = x^3 + 5xy + y^6$$

の場合

$$\frac{\partial z}{\partial x} = 3x^2 + 5y$$

である．同様にして，z の y に関する偏導関数を考えることができる．この例では

$$\frac{\partial z}{\partial y} = 5x + 6y^5$$

である．

質問　x が 0 に近づくとき，x に比べて x^2 の方が速く 0 に近づき，x^2 より x^3 の方が速く 0 に近づいていきます．たとえば x が $\frac{1}{100}$ のとき，x^2 は $\frac{1}{10000}$ となりますし，x^3 など $\frac{1}{1000000}$ のように小さくなってしまいます．したがって，0 に速く近づいていくレースでは

$$x, x^2, x^3, x^4, \ldots, x^n, \ldots$$

と並べると，n が大きくなるほど，前のものを引き離して，後にある関数の方がすごいスピードで 0 に近づいていくことになります．僕がお聞きしたいのは，このどれよりももっと速く 0 に近づいていくような関数があるかということです．

答　そのような関数は存在している．たとえば

$$f(x) = \begin{cases} e^{-\frac{1}{x^2}}, & x \neq 0 \\ 0, & x = 0 \end{cases}$$

という関数は，$x \to 0$ $(x > 0)$ のとき，どんなに n を大きくとっても，x^n よりも速く 0 に近づくことが知られている．すなわち

$$\lim_{x \to 0} \frac{e^{-\frac{1}{x^2}}}{x^n} = 0$$

が成り立つ．このような，異常なスピードで 0 に近づく関数が存在することが，一方では数学を豊かにし，また一方では数学を複雑なものとしているのである．

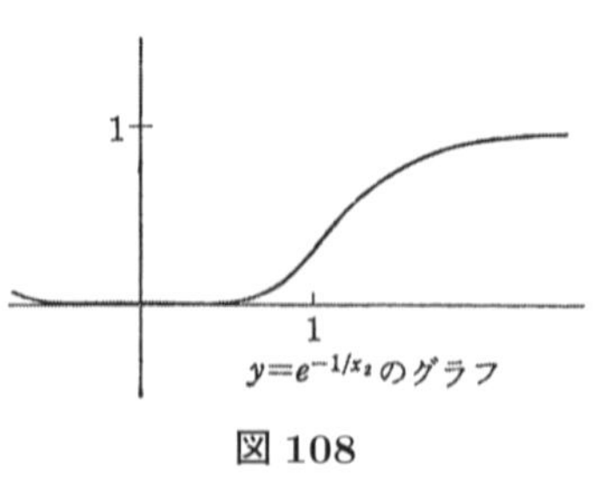

図 108

第 23 講

極限概念について

テーマ
- ◆ ‘近づく’ということ——小鳥が巣へ近づく——
- ◆ 極限概念の数学的定式化へ
- ◆ 極限値の定義：ε–δ による定式化

‘近づく’ということ

小鳥が巣へ戻る様子を観察しよう．大空の遠くから飛んできた小鳥は，巣へ向かって一直線に戻ってくるが，警戒してか，巣の近くへくると，すぐに巣には入らないで，巣を通り越してもう少し向こうまで飛ぶ．そして適当な所で引き返して再び巣へ向かうが，また巣を通り越して，もう少し先まで行って引き返す．このように巣を行き過ぎては戻り，行き過ぎては戻りという動作を繰り返しながら，しだいに，巣に近づいていく．

この小鳥の様子を，遠くからバード・ウォッチングしている人がいる．かなり視野の広い望遠レンズを通して眺めていても，はじめのうちは，小鳥はレンズを右から左へ横切って姿を消し，しばらくして，今度は左から右へと現われて姿を消す．何回かそのようなことを繰り返しているうちに，やがて小鳥の動作は完全にレンズの視界の中に捕えられて，小鳥が行きつ戻りつしながら巣へ近づく様子がわかるようになる．

もっと巣に近い所でバード・ウォッチングしている人は，標準レンズのカメラで，同じ小鳥の動作を観察している．いつまでたっても，小鳥はレンズの視界を右から左，左から右へと横切っているようであるが，じっと待っていると，ある時間がたったあとでは，やはり小鳥の動作はレンズの視界の中に完全に入って，せわしく往復しながら巣へ近づく模様がわかる．

すなわち，小鳥が巣へ近づくということは，どんなに巣の近くに観察の焦点を絞っておいたとしても，ある時間ののちには，小鳥の動作はその視界の中で完全にキャッチされるということである．

1 つの数学モデル

いま，観察し始めてから，ちょうど 3 分後に巣に入ったこの小鳥の飛翔動作の数学的モデルとして

$$y = \begin{cases} (x-3)\sin\dfrac{1}{x-3}, & x \neq 3 \\ 0, & x = 3 \end{cases} \tag{1}$$

で与えられる関数を考えよう．ここで x は観察を始めたときから，何分たったかを示す変数である．y は巣箱から何 m 離れているかを示す変数である．

(1) 式のグラフは，$y = x\sin\dfrac{1}{x}$ のグラフを，3 だけ右に平行移動したものである．

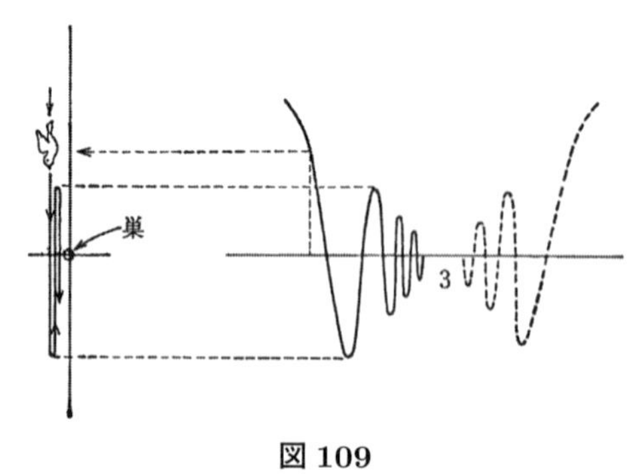

図 109

数学的な定式化

小鳥の観測を始めてから，時間が 3 分に近づくにつれ，小鳥がしだいに巣に近づくという状況は，この数学モデルでは，x が 3 より小さい方から，しだいに 3 に近づいていくとき，$y \to 0$ になることに対応している．上に述べたことは，レンズの視界を十分小さくとっても (それを巣を中心として ε m とする)，時間が 3 分に近くなると (それを 3 分の δ 秒前からとする)，小鳥はこの視界の中だけを動くようになるということである．

すなわち

$$3 - x < \frac{\delta}{60} \quad \text{のとき} \quad -\varepsilon < y < \varepsilon \tag{2}$$

が成り立つということである ($\frac{\delta}{60}$ としたのは単位を分(ふん)にとっているからである).

ここで正数 ε をどんなに小さくとっても (視界半径をどんなに小さくとっても), 正数 δ を十分小さくとれば (観測後の時間が 3 分に近くなれば), 必ず (2) 式が成り立つという論点が重要である.

いま, 小鳥の話から離れて, 関数 (1) だけに注目し, x は左からだけではなく右からも 3 に近づくとする. そうすると, x が 3 から δ 以内にあるということは

$$|3 - x| < \delta$$

と表わされる (もう $\frac{\delta}{60}$ にはこだわらない!!). また $-\varepsilon < y < \varepsilon$ は, $|y| < \varepsilon$ とかいても同じことである.

いままでの説明により, 関数 (1) において $x \to 3$ のとき, $y \to 0$ という状況は,

> 正数 ε を任意に 1 つとったとき,
>
> $$|3 - x| < \delta \quad \text{のとき} \quad |y| < \varepsilon$$
>
> を成り立たせるような正数 δ が必ず存在する.

注意 上のいい方をもう少し簡略化して,「任意の正数 ε に対して, ある正数 δ が存在して

$$|3 - x| < \delta \text{ のとき } |y| < \varepsilon$$

が成り立つ」といういい方をすることが多い. しかしこの慣例化したいい方は, 少しわかりにくい点があるのではないかと思う.

極限値の定義

関数 $y = f(x)$ が与えられたとする. x が a に近づくとき, 関数の値 $f(x)$ が A に近づくことを次のように定義する.

> 正数 ε を任意に 1 つとったとき,
>
> $$0 < |x - a| < \delta \quad \text{のとき} \quad |f(x) - A| < \varepsilon$$

を成り立たせるような正数 δ が必ず存在する.

このことが成り立つとき

$$\lim_{x \to a} f(x) = A$$

と表わし, x が a に近づくときの $f(x)$ の極限値は A であるという.

この左辺で $0 < |x-a|$ とかいたのは, 変数 x が a 以外の値をとりながら, a に近づいていくことを要求しているのである.

【例 1】 $\lim_{x \to 2} \frac{x^2-4}{x-2} = 4$. 実際, このときは, 任意に正数 ε が与えられたとき, 上の条件を満たす δ として ε そのものをとることができる. なぜなら

$$0 < |x-2| < \varepsilon \Longrightarrow \left|\frac{x^2-4}{x-2} - 4\right| = |x+2-4| = |x-2| < \varepsilon$$

となるからである.

【例 2】 $\lim_{x \to 0} 3x \sin \frac{1}{x} = 0$. 実際, このときは, 任意に正数 ε が与えられたとき, δ として $\frac{\varepsilon}{3}$ をとっておくとよい. なぜなら

$$\begin{aligned} 0 < |x| < \frac{\varepsilon}{3} \Longrightarrow & \left|3x \sin \frac{1}{x} - 0\right| \\ &= \left|3x \sin \frac{1}{x}\right| = 3|x| \cdot \left|\sin \frac{1}{x}\right| \leqq 3|x| < 3 \cdot \frac{\varepsilon}{3} = \varepsilon \end{aligned}$$

となるからである.

もちろん, この左辺で $\frac{\varepsilon}{3}$ をとらなくとも, もっと小さい $\frac{\varepsilon}{5}$ や $\frac{\varepsilon}{100}$ を δ としてとることができる. なぜなら, 小鳥の例でいえば, 時間が $\frac{\varepsilon}{3}$ 以内になると, いま目にあてているレンズの視界 ε の中に小鳥の姿が全部入ってくるならば, 小鳥がもっと巣に近づいた時間, $\frac{\varepsilon}{5}$(分) 以内か $\frac{\varepsilon}{100}$(分) 以内をとれば, 当然この時間内の小鳥の姿は全部レンズの視界 ε の中に入っているからである. 極限値の定義で, 「ε に対して, δ が存在する」とかいたが, この δ のとり方は, いろいろあり得ることに注意しておこう.

Tea Time

質問　前から聞いていた ε–δ 論法の最初の部分をここで習いましたが，半分は理解できたが，半分はまだよくわからないといった気分です．わからないという気分の中には，$x \to a$ ならば，$f(x) \to A$ といえば簡明に済むことを，どうして ε–δ 式のいい方にする必要があるのかという疑問があります．

答　$x \to a$ ならば，$f(x) \to A$ とかいただけでは，単に，近づくといういい方を，矢印 $\to$ におき換えたにすぎない．もちろん，あるものが何かに近づくという感じは，私達の空間，時間の中の行動の中にあって，はっきりと把えられるものだから，‘近づく’という感じから出発した推論が誤りを導くということは，ふつうはあまりないのである．しかし，数学が無限級数とか，複雑な関数を微分したり，積分したりするようになってくると，‘近づく’という概念を明確に定義しなくては間違った推論に導くということも起きてくる．これを正す必要もあって，ε–δ 論法は前世紀の半ば頃から登場してきたものである．

特に，‘近づく’という私達の感覚は，数学の中にある四則演算とは，まったく独立な場所にあることを注意しなくてはならない．たとえば $x \to a$ のとき，$f(x) \to A$，$g(x) \to B$ ならば，$x \to a$ のとき，$f(x) + g(x)$ は $A + B$ に近づくかという問に対して，私達の直観は，あまり適切に働いてくれない．この証明は，次講で与えるが，その証明を見てもわかるように，ε–δ 式の極限の表現法は，私達の近づくという感覚と数学の形式を融和させる一つのかけ橋としての役目も果しているのである．

第 24 講

極限の公式と連続関数

テーマ
- ◆ 極限の公式：和，差，積，商と lim の関係
- ◆ 連続関数の定義
  f と g が連続関数ならば，$f \pm g$，$f \cdot g$ などは連続関数となる．
- ◆ 連続関数と，最大値，最小値
- ◆ 微分の公式の証明

極限の公式

$\lim_{x \to a} f(x) = A$，$\lim_{x \to a} g(x) = B$ とする．このとき次の公式が成り立つ．

(I) $\lim_{x \to a}(f(x) + g(x)) = \lim_{x \to a} f(x) + \lim_{x \to a} g(x)$

(II) $\lim_{x \to a}(f(x) - g(x)) = \lim_{x \to a} f(x) - \lim_{x \to a} g(x)$

(III) $\lim_{x \to a}(f(x) \cdot g(x)) = \lim_{x \to a} f(x) \cdot \lim_{x \to a} g(x)$

(IV) $B \neq 0$ ならば

$$\lim_{x \to a} \frac{f(x)}{g(x)} = \frac{\lim_{x \to a} f(x)}{\lim_{x \to a} g(x)}$$

公式の証明

(I) と (III) だけを証明しておこう．

【(I) の証明】 $\lim_{x \to a} f(x) = A$, $\lim_{x \to a} g(x) = B$ により，任意に与えられた正数 ε に対して，

$$0 < |x - a| < \delta_1 \Longrightarrow |f(x) - A| < \frac{\varepsilon}{2}$$

$$0 < |x - a| < \delta_2 \Longrightarrow |g(x) - B| < \frac{\varepsilon}{2}$$

を成り立たせるような正数 δ_1，δ_2 が存在する (ε ではなく $\frac{\varepsilon}{2}$ をとったのは，証明の便宜のためである)．δ_1，δ_2 の小さい方を δ とする．そのとき

$$0 < |x - a| < \delta \Longrightarrow |f(x) - A| < \frac{\varepsilon}{2}, \quad |g(x) - B| < \frac{\varepsilon}{2}$$

となるから，したがって

$0 < |x - a| < \delta$ のとき

$$\begin{aligned} |(f(x) + g(x)) - (A + B)| &= |(f(x) - A) + (g(x) - B)| \\ &\leqq |f(x) - A| + |g(x) - B| \\ &< \frac{\varepsilon}{2} + \frac{\varepsilon}{2} = \varepsilon \end{aligned}$$

ε は任意の正数でよかったのだから，このことは

$$\lim_{x \to a} (f(x) + g(x)) = A + B$$

を示している．これで (I) が証明された． ∎

【(III) の証明】 まず $\varepsilon = 1$ として，

$$0 < |x - a| < \delta_0 \Rightarrow |f(x) - A| < 1$$

が成り立つような正数 δ_0 をとる．したがって

$$0 < |x - a| < \delta_0 \quad \text{のとき} \quad |f(x)| \leqq |A| + 1 \tag{$*$}$$

が成り立つ (ここで $|f(x)| - |A| \leqq |f(x) - A| < 1$ という不等式を用いた)．

ε を任意に与えられた正数とする．このとき

$$0 < |x - a| < \delta_1 \quad \text{のとき} \quad |f(x) - A| < \frac{1}{|B| + 1} \cdot \frac{\varepsilon}{2} \tag{$**$}$$

を満たす正数 δ_1 と，

$$0 < |x - a| < \delta_2 \quad \text{のとき} \quad |g(x) - B| < \frac{1}{|A| + 1} \cdot \frac{\varepsilon}{2} \tag{$***$}$$

を満たす正数 δ_2 をとる．

δ として，$\delta_0, \delta_1, \delta_2$ の中で最小のものをとる．そのとき

$0 < |x - a| < \delta \Longrightarrow (*)$，$(**)$，$(***)$ が同時に成り立つ．したがって，

$0 < |x - a| < \delta$ のとき

$$\begin{aligned} |f(x)g(x) - AB| &= |f(x)g(x) - f(x)B + f(x)B - AB| \\ &\leqq |f(x)| \cdot |g(x) - B| + |B| \cdot |f(x) - A| \\ &< (|A| + 1) \cdot \frac{1}{|A| + 1} \cdot \frac{\varepsilon}{2} + |B| \cdot \frac{1}{|B| + 1} \cdot \frac{\varepsilon}{2} \end{aligned}$$

$$< \frac{\varepsilon}{2} + \frac{\varepsilon}{2} = \varepsilon$$

ε は任意の正数でよかったから，この不等式は

$$\lim_{x \to a} (f(x)g(x)) = A \cdot B$$

のことを示している．これで (III) が証明された． ∎

(I)，(III) の上のような証明が，ε–δ 論法といわれるものであるが，このような論法を強調すると，微分・積分への関心を減じさせることにもなりかねない．読者は，証明の大体の輪郭を理解すればよいのであって，むしろここでは，‘近づく’という感覚的なものが，ε–δ 式の定式化を通して，数学の加法とか乗法の演算に，いかになじんでくるかに意をはらってほしいのである (前講，Tea Time 参照)．

連続関数とその性質

連続関数については，すでに第 22 講で述べたが，そこでは，まだ‘近づく’ということに対する明確な定義が与えられていなかった．極限概念が確立した上で，改めて連続関数の定義を述べると次のようになる．

> $f(x)$ の定義域にある各点 $x = a$ で，$\lim_{x \to a} f(x) = f(a)$ が成り立つとき，$f(x)$ は連続関数であるという．

極限の公式 (I)，(II)，(III)，(IV) とこの定義から

> $f(x)$ と $g(x)$ が (同じ定義域をもつ) 連続関数ならば，
>
> $$f(x) + g(x), \quad f(x) - g(x), \quad f(x) \cdot g(x)$$
>
> も連続関数である．また $g(x) \neq 0$ ならば
>
> $$\frac{f(x)}{g(x)}$$
>
> も連続関数である．

さて，連続関数に関する最も基本的な定理は次の定理である．

> **定理**　区間 $[a, b]$ 上で定義された連続関数 $f(x)$ は，必ず最大値と最小値をとる．

この定理は簡潔に述べられているから，いくつかの注意をつけ加えておこう．区間 $[a, b]$ とは $a \leqq x \leqq b$ を満たす x 全体からなっている．ここで端点 a と b も，考えている区間に含まれていることに注意しよう．また「最大値をとる」とは，ある x_0 という点が a と b の間にあって (この場合，x_0 は端点 a または b である可能性も含む)

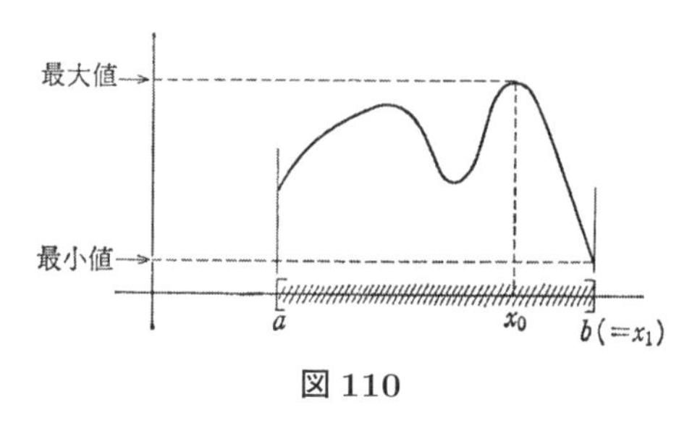

図 110

$$f(x) \leqq f(x_0) \quad (a \leqq x_0 \leqq b)$$

が成り立つということであり，「最小値をとる」とは，ある x_1 という点が a と b の間にあって $(a \leqq x_1 \leqq b)$，

$$f(x_1) \leqq f(x)$$

が成り立つということである．

このとき $f(x_0)$ は区間 $[a, b]$ における f の最大値であり，$f(x_1)$ は区間 $[a, b]$ における f の最小値である．

このいかにも当り前そうな定理も，厳密に証明しようとすると，実数の連続性と，関数 f の連続性を巧みに組み合わせて証明しなければならない．この証明を与えることは，ここでは省略しよう．

微分法の公式の証明

極限の公式が得られると，微分法の公式の厳密な証明ができるようになる．

たとえば第 7 講で与えた公式 (多少そこでの表わし方とは違うが)

$$\text{(I)} \quad (f(x) + g(x))' = f'(x) + g'(x)$$

は，次のように証明される．

証明：

$$\begin{aligned}
(f(x) + g(x))' &= \lim_{h \to 0} \frac{\{f(x+h) + g(x+h)\} - \{f(x) + g(x)\}}{h} \\
&= \lim_{h \to 0} \left\{ \frac{\{f(x+h) - f(x)\}}{h} + \frac{\{g(x+h) - g(x)\}}{h} \right\} \quad \text{(式の変形)} \\
&= \lim_{h \to 0} \frac{f(x+h) - f(x)}{h} + \lim_{h \to 0} \frac{g(x+h) - g(x)}{h} \quad \text{(極限の公式 (I))}
\end{aligned}$$

$$= f'(x) + g'(x)$$

極限の公式 (III) で，$g(x) =$ 定数とおくと，定数をかけることは，lim の記号の外に出してよいことがわかる．このことから，第 7 講で述べたもう 1 つの微分の公式

$$\text{(II)} \quad (af(x))' = af'(x)$$

を証明することができる．

第 9 講で与えた微分の公式

$$\text{(III)} \quad (f(x)g(x))' = f'(x)g(x) + f(x)g'(x)$$

は，すでにそこで大体の証明を与えておいたが，その証明の中で暗に使ったのが，極限の公式 (I) と (III) であった．極限の公式が証明されたので，第 9 講での証明がはじめて正当化されたのである．

問 1　$f(x)$，$g(x)$ が連続関数ならば，$f(x) + g(x)$ も，$f(x)g(x)$ もまた連続関数となることを示せ．

問 2　$y = f(x)$ が連続関数で，$z = g(y)$ が実数全体の上で定義された連続関数ならば，合成関数 $z = g \circ f(x)$ も連続関数となることを示せ．

Tea Time

質問　極限の公式を見て思ったのですが，関数を微分するときには，$f(x+h) - f(x)$ と，h で割るという演算が主で，これは四則演算です．第 1 講，第 2 講での話を思い出してみると，それならば微積分は，有理数の範囲でできたのではないかと思いました．微積分を展開するために実数が必要であった理由はどこにあったのでしょうか．

答　質問は，本質的な点をついている．微分の定義

$$\lim_{h \to 0} \frac{f(x+h) - f(x)}{h}$$

で，重要なことは，$\frac{f(x+h)-f(x)}{h}$ の式にあるのではなくて $\lim\limits_{h \to 0}$ をとった点にある．定積分でも，重要なことは，階段状の面積を考えることではなくて，その極限

をとった値を考えることにある．微積分を支える世界は，有限の量を四則演算して得られる世界だけではなくて，極限操作へと移っていって得られる，いわば無限の世界である．したがって，微積分という学問の体系が成り立つためには，極限操作が自由にできるような数の世界，第 2 講でのいい方にならえば，近づくはずの数列 (コーシー列！) が，必ず極限値をもつような数の世界を設定しておくことが必要だったのである．実数はその要求を満たす数の体系であった．したがって実数の上で，微積分を建設することができたのである．有理数の上だけだったら $\lim_{h \to 0}$ とかいても，値があることもあり，ないこともあり，lim を含む公式を形式的にかいてみてもそれはほとんど意味のないものであったろう．

第 25 講

平均値の定理

テーマ

◆ 連続性と微分性

◆ ロルの定理

◆ 平均値の定理

連続性と微分性

$y = f(x)$ が連続な関数であっても，必ずしも微分できる関数であるとは限らない．図 111 のグラフはそのような関数の例を与えている．

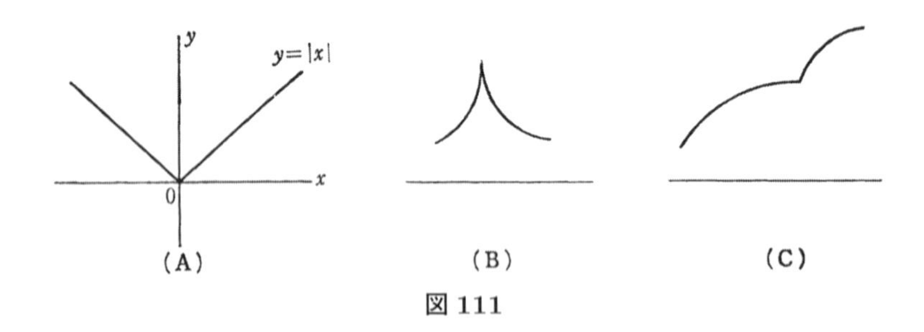

図 111

図の (A) は，$y = |x|$ のグラフであって，この場合原点での微係数は存在しない (h が右から 0 に近づくと，$(f(h) - f(0))/h$ の値は常に 1，左から 0 に近づくと -1 となり，一致しない)．(B) は，グラフがとがった点 (尖点) をもっていて，ここで接線の傾きは (有限の値として) 存在しない．(C) は，2 つの滑らかなグラフがつながって，そこで接線の傾きが一致していない例である．

もっと複雑な例としては，第 23 講で述べた関数 $y = x\sin\dfrac{1}{x}$ (ただし $x = 0$ のときは $y = 0$ とおく) がある．この関数は連続であるが，原点で微分不可能である．

注意　(B) のような例で，さらに尖点をグラフ上につけ加えていくと，微分のできない点を多くもつ連続関数の例を，いくらでもつくることができる．実は尖点をどんどんと増やしていったときの極限の状況にある連続関数を考えることもできるのである．このような連続関数のグラフをかくわけにもいかないし，また想像することも難しい．このような奇妙な連続関数は，各点で微分ができない‘病的な’連続関数の例を与える．

しかし，

微分できる関数は，連続な関数である．

このことを証明してみよう．

$y = f(x)$ を微分できる関数とする．この関数 $f(x)$ が連続のことを示すには，各点 $x = a$ で連続のことを示すとよい．すなわち，

$$\lim_{h \to 0} f(a+h) = f(a) \tag{1}$$

が成り立つことを示すとよい．

$$\lim_{h \to 0} \frac{f(a+h) - f(a)}{h} = f'(a)$$

により，極限の定義から，正数 ε を任意に与えたとき——いまの場合，証明の便宜上 ε として 1 をとっておく——，必ずある正数 δ で，$0 < |h| < \delta$ のとき

$$\left| \frac{f(a+h) - f(a)}{h} - f'(a) \right| < 1$$

を成り立たせるものがある，分母をはずして

$$|f(a+h) - f(a) - hf'(a)| < |h|$$

この式から

$$|f(a+h) - f(a)| < |h| \left(|f'(a)| + 1 \right)$$

ここで $h \to 0$ とすると，$f(a+h) - f(a) \to 0$ となることが得られ，(1) 式が示された．

ロルの定理

この講では，以下微分できる関数だけ取り扱うことにし，特に断らないことにする．

次の定理は，ふつうロルの定理として述べられている．

定理　$a < b$ とし，関数 $y = f(x)$ は

$$f(a) = f(b) = 0$$

を満たすとする．そのとき，$a < x_0 < b$ を満たすある点 x_0 が存在して

$$f'(x_0) = 0$$

が成り立つ．

【証明】　$y = f(x)$ は，微分できる関数だから，連続な関数である．$f(x)$ が恒等的に 0——したがってグラフは x 軸に一致する——の場合は，常に $f'(x) = 0$ だから，x_0 として，a, b の間にあるどの点をとってもよい．したがって $f(x)$ は，$[a, b]$ で恒等的に 0 でない場合に限って証明すればよい．

$f(x)$ は恒等的に 0 でないから，$f(x)$ は $[a, b]$ で正の値をとる点があるか，あるいは負の値をとる点がある（もちろん両方の場合も同時に起こり得る）．いずれの場合も同様だから，$f(x)$ は $[a, b]$ で正の値をとる点があるという場合を考えることにしよう．このとき，第24講の定理によると，$f(x)$ は，$[a, b]$ のある点 x_0 で最大値をとるが，この仮定から，$f(x_0) > 0$ となり，したがって $x_0 \neq a$，$\neq b$ である．

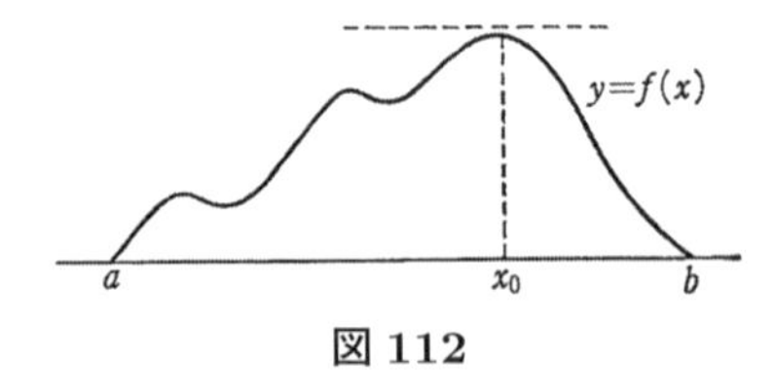

図 112

また，最大値をとる点 x_0 では $f'(x_0) = 0$ となる．

以下このことの証明：$f(x_0)$ は $f(x)$ の区間 $[a, b]$ における最大値だから，$h > 0$ に対し

$$f(x_0 - h) \leqq f(x_0), \quad f(x_0) \geqq f(x_0 + h)$$

が成り立つ．この左辺の不等式から

$$f'(x_0) = \lim_{h \to 0} \frac{f(x_0 - h) - f(x_0)}{-h} \geqq 0$$

またこの右辺の不等式から

$$f'(x_0) = \lim_{h \to 0} \frac{f(x_0 + h) - f(x_0)}{h} \leqq 0$$

この2式を見比べて，$f'(x_0) = 0$.

$a < x_0 < b$ で，$f'(x_0) = 0$ だから，これで定理が証明された．■

注意　ロルの定理は

$$f(a) = f(b) = A$$

であっても，もちろん成り立つ（$f(x) - A$ にロルの定理を適用するとよい）．

ロルの定理についての解説は，Tea Time にゆずることにするが，図112を見

てもわかるように，定理の述べていることは，直観的には簡明なことである．

平均値の定理

ロルの定理での最初の条件 $f(a)=f(b)=0$ を取り除くためには，図112から図113へと移行するとよい．すなわち，任意に関数 $y=f(x)$ が与えられたとき，グラフ上の2点 $A(a,f(a))$ と $\mathrm{B}(b,f(b))$ が決まるが，この2点を通る直線の方程式は

$$y=\frac{f(b)-f(a)}{b-a}(x-a)+f(a)$$

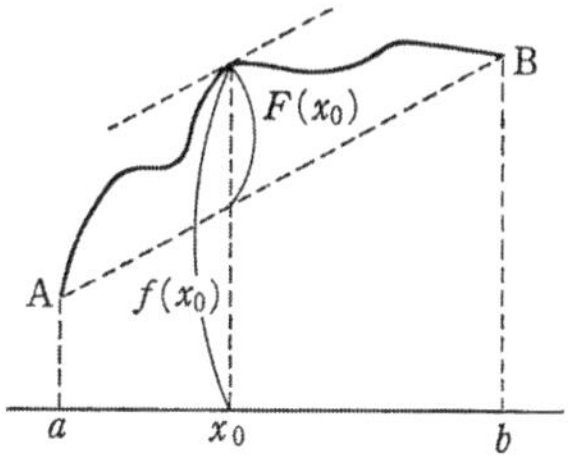

図 113

である．そこで

$$F(x)=f(x)-\left\{\frac{f(b)-f(a)}{b-a}(x-a)+f(a)\right\} \tag{2}$$

とおくと，$F(x)$ は，直線 AB から，y 軸に平行な方向で，$f(x)$ のグラフの高さを測ったものになっている．

特に $F(a)=F(b)=0$ であって，ロルの定理を $F(x)$ に適用することができる．したがって $a<x_0<b$ を満たすある点 x_0 で

$$F'(x_0)=0$$

が成り立つ．(2) 式を実際微分して

$$F'(x_0)=f'(x_0)-\frac{f(b)-f(a)}{b-a}=0$$

これで次の定理が証明されたことになる．

> $a<b$ とする．そのとき $a<x_0<b$ を満たすある点 x_0 が存在して
>
> $$f'(x_0)=\frac{f(b)-f(a)}{b-a}$$
>
> が成り立つ．

これを平均値の定理という．図113からも明らかなように，平均値の定理がグラフの上で主張していることは，割線 AB に平行な接線が，a,b の間に必ず存在するということである．

a と b の間にある点 x_0 は，適当な $0<\theta<1$ によって

$$x_0 = a + \theta(b-a) \tag{3}$$

とかける．たとえば，x_0 が a から見て，$[a, b]$ の $\frac{1}{3}$ の場所にあるときには，$\theta=\frac{1}{3}$ である．

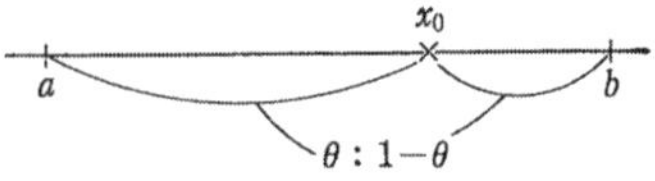

図 114

したがって平均値の定理に (3) 式を代入し，分母を払って，移項すると，

> $0<\theta<1$ を満たす，適当な θ をとると
> $$f(b) = f(a) + (b-a)f'(a+\theta(b-a)) \tag{4}$$

という式が得られる．

Tea Time

ロルの定理について

大体，どの微積分の教科書を広げてみても，ロルの定理は比較的中心的な場所におかれていて，その重要性を暗示する形をとっている．しかし，どうしてロルの定理のような簡明な定理が，微分学にとってそんなに重要なのだろうか．

それを知るには，微分の最初の出発点に戻って考えてみるとよい．微分は，1点のごく近くのグラフの模様を，接線の傾き具合におき換えて，グラフの様子を調べようとする．しかし，局所的な様子をいくら詳しく調べてみても，グラフが大域的につながっていく模様は，原理的にはわからぬことだろう．

‘微分’という考えが，効果的に，いろいろな問題の解決へと働いていくためには，この微分のもつ‘局所性’を‘大域的’なものへと変えていく転回点が必要である．この転回点の，最初の最も基本的な形がロルの定理によって与えられている．ロルの定理の条件 $f(a)=f(b)=0$ は，a と b とがいくら離れていてもよいのだから，大域的な条件である．この大域的な条件から，微分に関するある性質が導かれていく点が重要なのである．

もちろん，得られた結果は「ある x_0 があって，$f'(x_0)=0$」という漠然とした形である．だが，この漠然とした形で述べられた点に，‘微分’のもつ局所性が反映しているのであって，それはちょうど，近づいて拡大して対象を撮影するように焦点距離を合わせたレンズで，遠く離れた対象物を写すのに似ている．その

とき，どこかにあることくらいはわかるであろうが，どこにあるかまでは，はっきりと写らないだろう．ロルの定理を平均値の定理の形に書き直した場合，このたとえでの像の漠然とした姿は，(4) 式で「$0 < \theta < 1$ を満たす，適当な θ をとると」という独特な表現で，いい表わされている．

第 26 講

平均値の定理とその拡張

テーマ

◆ 平均値の定理と関数の増加，減少の状態
◆ 2 階の導関数
◆ 平均値の定理の 2 階の導関数までの拡張
◆ テイラーの定理 (2 階までの場合)
◆ 極値と $f''(x)$ の符号
◆ 近似式の観点から

平均値の定理と関数の増加，減少

前講の話を続けていく．まず平均値の定理の (4) 式で，$a < b$ と仮定していたが，$b < a$ でも同様の式が成り立つことを注意しておこう (それを見るには，この場合にも同様の証明が成り立つことを確かめてもよいし，あるいは，(4) 式で a と b を取り換えて，θ を $1 - \theta$ に取り換えてみてもよい).

したがって $b = a + h$ とおくと，h の正負にかかわらず

$$f(a+h) = f(a) + hf'(a+\theta h), \quad 0 < \theta < 1 \qquad (1)$$

という関係が成り立つ．平均値の定理は，この形にかいておいた方が使いやすい．

第 8 講で述べたことを繰り返すことになるが，関数 $y = f(x)$ が，区間 (c, d) で増加の状態にあるとは $c < a < a + h < d$ を満たす任意の a と $a + h$ に対し

$$f(a) < f(a+h)$$

が成り立つことである．区間 (c, d) で $y = f(x)$ が減少の状態にあるとは，$c < a < a + h < d$ に対し

$$f(a) > f(a+h)$$

が成り立つことである．

(1) 式で $a < a + \theta h < a + h$ のことに注意すると，次の結果が成り立つことがわかる．

区間 (c, d) で $f'(x) > 0$ ならば，$f(x)$ は (c, d) で増加の状態にある． 区間 (c, d) で $f'(x) < 0$ ならば，$f(x)$ は (c, d) で減少の状態にある．

たとえば上の結果は，仮定 $f'(x) > 0$ から，特に $f'(a + \theta h) > 0$．したがって (1) 式から $f(a + h) > f(a)$ となるからである．

このことから，y' の符号が点 $x = a$ の近くで

x		a	
y'	$+$	0	$-$

と変わるときには，a で y は極大値をとることがわかる．実際 $y = f(x)$ は a を通り過ぎるとき，増加の状態から，減少の状態へと変わっていく．y' が $x = a$ を通り過ぎるとき，符号を $-$ から $+$ へと変えるならば，y は a で極小値をとる．

2 階の導関数

(1) 式をよく見ると，左辺にある $f(a + h)$ とよく似た式 $f'(a + \theta h)$ が右辺にあることがわかる．したがって $f'(a + \theta h)$ にもう一度平均値の定理を使ったら，(1) 式はどのようになるかを考えてみることは，自然なことである．それには，$f'(x)$ の導関数を考える必要がある．

$f'(x)$ が導関数をもつとき，その導関数を $f''(x)$ で表わし，$f(x)$ の 2 階の導関数という (第 12 講参照)．

以下では，$f(x)$ が 2 階の導関数をもつ場合だけを取り扱う．このとき，$f(x)$ の代りに，$f'(x)$ をとっても平均値の定理を適用することができる．特に $f'(a)$ と $f'(a + \theta h)$ との関係は

$$f'(a + \theta h) = f'(a) + \theta h f''(a + \theta_1 \cdot \theta h)$$

で与えられる．ここで θ_1 は，$0 < \theta_1 < 1$ を満たす適当な数である．この式を (1) 式の右辺に代入して

$$f(a + h) = f(a) + h f'(a) + \theta h^2 f''(a + \theta_1 \cdot \theta h) \tag{2}$$

が得られた．

このような式の意味はあとで述べるとしても，さしあたり問題となるのは，この式で，あまり性格のはっきりしない数——θ と θ_1——が2つも登場してくることである．できることならば，このような数は，式の中に1つだけ現われることが望ましい．上の結果は，平均値の定理(1)を，$y = f(x)$ と $y = f'(x)$ に二度適用して得られたものであるが，ロルの定理に戻って，もう少し直接的な議論をすることができ，それによって，(2)式をもっと簡明な形にまとめることができる．それをこれから述べることにしよう．

テイラーの定理 (2階までの場合)

前講で，ロルの定理から平均値の定理を導いたのと同様の議論を行なって，(2)式と同様な性格をもつ式を求めたいが，今度はグラフを用いることができないので，多少の工夫は必要である．

再び，$h > 0$ とし $b = a + h$ とおき直す．そこで定数 A を

$$f(b) = f(a) + f'(a)(b-a) + (b-a)^2 A \tag{3}$$

が成り立つように決めておく．この A を用いて，新しい関数 $G(x)$ を

$$G(x) = f(x) + f'(x) \cdot (b-x) + (b-x)^2 A \tag{4}$$

により定義する．明らかに

$$G(a) = G(b) = f(b)$$

が成り立つ．したがってロルの定理 (そのあとの注意も参照) が適用できて，$a < x_0 < b$ を満たす，ある x_0 で

$$G'(x_0) = 0$$

が成り立つ．

実際(4)式を微分してみると

$$\begin{aligned} G'(x) &= f'(x) + f''(x)(b-x) - f'(x) - 2(b-x)A \\ &= (b-x)\left(f''(x) - 2A\right) \end{aligned}$$

したがって

$$G'(x_0) = (b-x_0)\left(f''(x_0) - 2A\right) = 0$$

ゆえに

$$A = \frac{1}{2} f''(x_0)$$

が得られた．

これを (3) 式に代入して公式

$$f(b) = f(a) + f'(a)(b-a) + \frac{f''(x_0)}{2}(b-a)^2$$

が得られた．

ここで $b = a + h$，$x_0 = a + \theta h \quad (0 < \theta < 1)$ とおくと

$$f(a+h) = f(a) + f'(a)h + \frac{1}{2} f''(a+\theta h)h^2, \quad 0 < \theta < 1 \quad (5)$$

が成り立つことがわかる．

これは次講で述べるテイラーの定理を，2 階までの導関数に適用したものになっている．この式は，h の正負にかかわらず成り立つ．(5) 式を (2) 式と見比べると，(5) 式は，実に簡明な形になっていることに気がつくだろう．

極値と $f''(x)$ の符号

いま，$f'(a) = 0$ が成り立ったとする．このとき，さらに，a の十分近くで，たとえば $(a-\varepsilon,\ a+\varepsilon)$ の範囲で，$f''(x) > 0$ であると仮定する．

$a < a+h < a+\varepsilon$ のとき，(5) 式を適用すると，$f'(a) = 0$ に注意して

$$\begin{aligned} f(a+h) &= f(a) + \frac{1}{2} f''(a+\theta h)h^2 \\ &> f(a) \end{aligned}$$

となる．ここで，$a < a+\theta h < a+\varepsilon$．したがって仮定により，$f''(a+\theta h) > 0$ が成り立っていることを用いた．

$a-\varepsilon < a+h < a$ のときも同様の式で

$$f(a+h) > f(a)$$

が成り立つことがわかる．したがって $f(x)$ は $x = a$ で極小値をとる．

もし，$(a-\varepsilon, a+\varepsilon)$ で $f''(x) < 0$ ならば，同様の議論で，$f(x)$ は $x = a$ で極大値をとることがわかる．すなわち，次の結果が示された．

関数 $y = f(x)$ が，$f'(a) = 0$ を満たすとする．もし a の近くで

$f''(x)>0$ ならば，$f(x)$ は $x=a$ で極小値をとる．
$f''(x)<0$ ならば，$f(x)$ は $x=a$ で極大値をとる．

近似式の観点から

h が 0 に十分近いとき，h^2 はもっとずっと 0 に近くなる．(1) と (5) をこの観点から見てみよう．説明の便宜上，h として $\frac{1}{100}$ をとってみる．(1) 式はこのとき

$$f\left(a+\frac{1}{100}\right)=f(a)+\frac{1}{100}f'\left(a+\frac{\theta}{100}\right),\quad 0<\theta<1 \qquad (1)'$$

となり，(5) 式は

$$f\left(a+\frac{1}{100}\right)=f(a)+\frac{1}{100}f'(a)+\frac{1}{20000}f''\left(a+\frac{\theta}{100}\right),\quad 0<\theta<1 \qquad (5)'$$

となる．

たとえば，a の近くのある範囲で $|f'(x)|<M$，$|f''(x)|<M$ が成り立つことを知っていれば，$(1)'$ は，$f\left(a+\frac{1}{100}\right)$ の近似値として $f(a)$ をとったとき，誤差は $\frac{M}{100}$ 以下であることを示している．$(5)'$ は，$f\left(a+\frac{1}{100}\right)$ の近似値として

$$f(a)+\frac{1}{100}f'(a)$$

をとると，誤差は $\frac{M}{20000}$ で押えられることを示している．前の誤差と比べてみると，近似の精度は非常によくなっている．

$(1)'$ と $(5)'$ は，このように $f\left(a+\frac{1}{100}\right)$ の近似値としてどのようなものをとったらよいか，またそのとき誤差の範囲はどれ位かを教えてくれる．$(1)'$ から $(5)'$ へ移ると，近似値として用いる精度はずっとよくなるのである．

問 1　$f''(x)$ の符号を調べることにより

$$f(x)=3x^4-16x^3+18x^2+7$$

の極大値と極小値を求めよ．

問 2　1)　$\sqrt{a+h}=\sqrt{a}+\frac{h}{2\sqrt{a}}-\frac{1}{8}\frac{h^2}{\sqrt{(a+\theta h)^3}}$

が成り立つことを示せ．

2) $a=4$, $h=0.1$ とし，近似式

$$\sqrt{a+h} \fallingdotseq \sqrt{a} + \frac{h}{2\sqrt{a}} - \frac{1}{8}\frac{h^2}{\sqrt{a^3}}$$

を用いて $\sqrt{4.1}$ を計算し，これが正確な値

$$\sqrt{4.1} = 2.0248456\cdots$$

と，どの程度違っているかをみよ．

Tea Time

$f''(x)$ の符号とグラフの凹凸

ある範囲で，$f''(x)>0$ が成り立つことは，この範囲で，$f'(x)$ が単調に増加していくことを示し，したがって，$y=f(x)$ の接線の傾きは，しだいに大きくなっていく．このとき $y=f(x)$ のグラフは図 115 の (A) で示すようになって，接線の上側にグラフが走っていく．グラフはこの範囲で下に凸の形状をとる．

ある範囲で $f''(x)<0$ ならば，$y=f(x)$ のグラフは，図 115 の (B) で示すように下に凹の形状をとる．

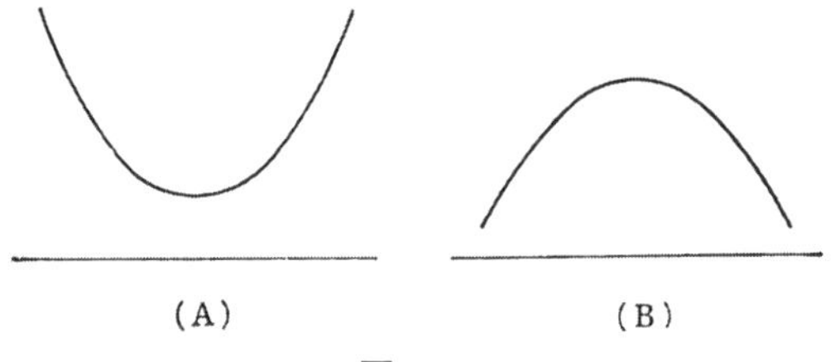

図 115

直観的にこのことは，大体認められることであろうが，厳密な証明を与えることは，ここでは省略することにする．ある点 a で $f''(a)=0$ が成り立ち，かつ $x<a$ のときは $f''(x)<0$，$x>a$ のとき $f''(x)>0$ が成り立っているとする．このときグラフは $x=a$ のところで，下に凹の形から，下に凸の形へと，彎曲する形が変わってくる．グラフ上のこのような点を，変曲点という (図 116).

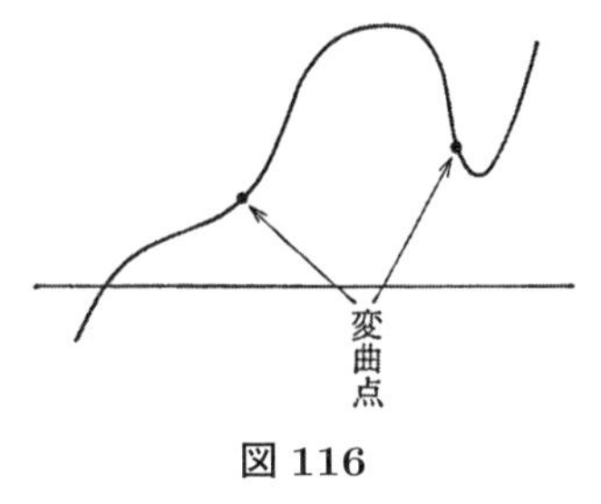

図 116

第 27 講

テイラーの定理

テーマ
- ◆ 高階導関数
- ◆ 関数のクラス：C^n-級
- ◆ テイラーの定理
- ◆ マクローランの定理

例　e^x，$\sin x$，$\cos x$

高階導関数

関数 $y = f(x)$ が各点で微分できるとき，導関数 $f'(x)$ が得られる．$f'(x)$ がさらに各点で微分できるときには，$f'(x)$ を微分して，$f''(x)$ が得られる．このように，順次微分して得られる導関数が再び微分可能のときには，この操作がどこまでも繰り返されて，関数の系列

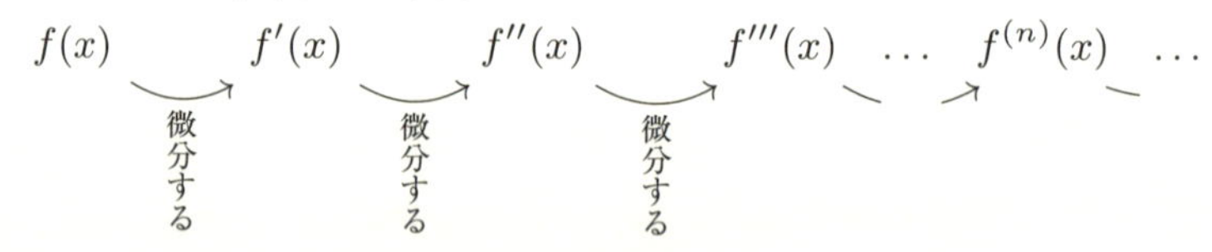

が得られる．$f^{(n)}(x)$ を f の n 階の導関数という．

関数のクラス

関数 $y = f(x)$ が各点で微分可能のとき，f はC^1-級の関数という．

関数 $y = f(x)$ が 2 階まで微分可能のとき，f はC^2-級の関数であるという．

一般に，関数 $y = f(x)$ が n 階まで微分可能のとき，f はC^n-級の関数であるという．

注意　もう少し広い観点に立つときには，C^n-級の定義の中に，$f^{(n)}(x)$ の連続性も加えるべきかもしれないが，ここでは，上のような形の定義を採用しておく．

【例 1】 $f(x) = \int_0^x |x|dx$ とおく．$x > 0$ ならば $f(x) = \int_0^x x\,dx = \frac{1}{2}x^2$，$x < 0$ ならば $f(x) = -\int_0^x x\,dx = -\frac{1}{2}x^2$ である．定積分と微分の関係から，$f(x)$ は微分できて，$f'(x) = |x|$．したがって，$f(x)$ は C^1-級である．しかし，$f'(x) = |x|$ をもう一度微分することはできない．したがって，$f(x)$ は C^2-級ではない．

【例 2】 例 1 の関数 $f(x)$ を定積分することにより得られる関数を $g(x)$ とおく．

$$g(x) = \int_0^x f(x)dx$$

$g'(x) = f(x)$，$g''(x) = f'(x) = |x|$．$g(x)$ はこれ以上微分できない．したがって $g(x)$ は C^2-級の関数であるが，C^3-の関数ではない．

テイラーの定理

関数の定義域について特に触れていないが，以下で考えている関数はある区間 (c, d) で定義されているとし，変数の動く範囲などはその中だけで考えていることにしている．

平均値の定理は，C^n-級の関数にまで拡張して述べることができる．

> $y = f(x)$ を C^n-級の関数とする．このとき
>
> $$f(a+h) = f(a) + \frac{f'(a)}{1!}h + \frac{f''(a)}{2!}h^2 + \cdots + \frac{f^{(n-1)}(a)}{(n-1)!}h^{n-1} + \frac{f^{(n)}(a+\theta h)}{n!}h^n$$
>
> が成り立つ．ここでは θ は，$0 < \theta < 1$ を満たす数である．

ここで記号 $n!$ は，n の階乗とよばれ

$$n! = 1 \cdot 2 \cdot 3 \cdot \cdots \cdot n$$

で定義されている．たとえば

$2! = 1 \cdot 2 = 2$，$3! = 1 \cdot 2 \cdot 3 = 6$，$4! = 1 \cdot 2 \cdot 3 \cdot 4 = 24$，$5! = 120$，$6! = 720$，$7! = 5040$，等々．

この定理を，テイラーの定理という．

$n = 1$ のときは平均値の定理であり，$n = 2$ のときはすでに前講で証明してある．$n = 2$ のときの証明は，実は，一般の n の場合の証明にも適用できる方法な

のであるが，ここでは，その証明を述べることは省略しよう．

マクローランの定理

テイラーの定理で，特に $a=0$ の場合を，マクローランの定理といって引用することが多い．テイラーの公式で $a=0$，h を x として表わすと，マクローランの定理は次のようになる．

> $y=f(x)$ を C^n-級の関数とする．そのとき
>
> $$f(x)=f(0)+\frac{f'(0)}{1!}x+\frac{f''(0)}{2!}x^2+\cdots+\frac{f^{(n-1)}(0)}{(n-1)!}x^{n-1}+\frac{f^{(n)}(\theta x)}{n!}x^n,\quad 0<\theta<1$$
>
> が成り立つ．

この右辺に現われた最後の項を剰余項といい，R_n で表わすことにしよう．

$$R_n=\frac{f^{(n)}(\theta x)}{n!}x^n$$

いくつかの例

マクローランの定理を，いくつかの関数の場合に実際適用してみて，右辺が具体的にどのような形になるのか確かめてみよう．

(I)　$f(x)$ が m 次の多項式

$$f(x)=a_0+a_1x+\cdots+a_mx^m \tag{1}$$

の場合

(a)　$m \leqq n$ のとき

このとき

$f(0)=a_0$, $f'(0)=a_1$, $f''(0)=2!a_2$, $f'''(0)=3!a_3$, …, $f^{(m)}(0)=m!a_m$

であり，$m+1$ 階以上の導関数は 0 となる．また $m=n$ のとき，$f^{(n)}(x)=n!a_n$ (=定数)．したがって $f^{(n)}(\theta x)=n!a_n$.

これらのことに注意すると，f にマクローランの公式を適用した結果は (1) 式

に一致することがわかる (予想される結果!!).

(b)　$m > n$ のとき

このとき，マクローランの公式を適用した結果は

$$f(x) = a_0 + a_1 x + a_2 x^2 + \cdots + a_{n-1} x^{n-1} + R_n$$

ただし $R_n = a_n x^n \times \{\theta x$ についての $m-n$ 次式 $\}$

R_n の具体的な形には特に興味がないので，ここでは記さない．

(II)　$\underline{f(x) = e^x}$

このとき，$f'(x) = f''(x) = \cdots = f^{(n)}(x) = e^x$.

したがって，$f'(0) = f''(0) = \cdots = f^{(n-1)}(0) = 1,\quad f^{(n)}(\theta x) = e^{\theta x}$.

ゆえに

$$e^x = 1 + \frac{1}{1!}x + \frac{1}{2!}x^2 + \cdots + \frac{1}{(n-1)!}x^{n-1} + \frac{e^{\theta x}}{n!}x^n \tag{2}$$

(III)　$\underline{f(x) = \sin x}$

このとき，高階導関数には周期性があり，右図のように4回導関数をとると，もとへ戻る (第12講参照)．したがって $x = 0$ のときの値は，$0 \to 1 \to 0 \to -1 \to 0$ を繰り返す．

sin x → cos x → −sin x → −cos x → sin x　⇓ $x=0$ とおく　0 → 1 → 0 → −1 → 0

このことから，$n = 2m+1$ の場合に，マクローランの公式を適用した結果は次のようになる．

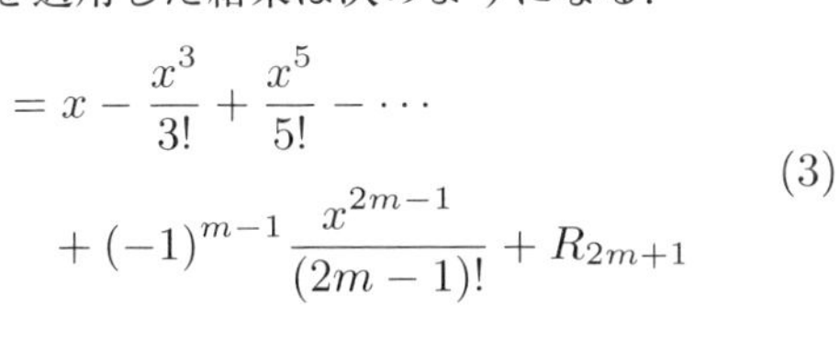

$$\begin{aligned} \sin x = x - \frac{x^3}{3!} + \frac{x^5}{5!} - \cdots \\ + (-1)^{m-1}\frac{x^{2m-1}}{(2m-1)!} + R_{2m+1} \end{aligned} \tag{3}$$

ここで

$$R_{2m+1} = (-1)^m \frac{\cos\theta x}{(2m+1)!}x^{2m+1}$$

(IV)　$f(x) = \cos x$

$n = 2m$ のときに，マクローランの公式を適用した結果は次のようになる．

$$\cos x = 1 - \frac{x^2}{2!} + \frac{x^4}{4!} - \frac{x^6}{6!} + \cdots + (-1)^{m-1}\frac{x^{2m-2}}{(2m-2)!} + R_{2m}$$

ここで

$$R_{2m} = (-1)^m \frac{\cos \theta x}{(2m)!} x^{2m} \tag{4}$$

Tea Time

質問　以前，どこかで聞いたことがあるのですが，$f(x)$ が無限級数で

$$(*) \quad f(x) = a_0 + a_1 x + a_2 x^2 + \cdots + a_n x^n + \cdots$$

と表わされたと仮定すると，$x = 0$ とおいて $f(0) = a_0$．両辺を一度微分して

$$f'(x) = a_1 + 2a_2 x + \cdots + n a_n x^{n-1} + \cdots,$$

ここで $x = 0$ とおくと，$f'(0) = a_1$．以下同様に，一度微分するたびに，右辺の項が 1 つずつ前へ送り出されてきて，

$$f^{(n)}(x) = n! a_n + (n+1) \cdots 3 \cdot 2 \cdot a_{n+1} x + \cdots$$

となり，したがってここで $x = 0$ とおくと $f^{(n)}(0) = n! a_n$，すなわち

$$a_n = \frac{f^{(n)}(0)}{n!}$$

が成り立ちます．したがって $(*)$ の式は，マクローランの公式で $n \to \infty$ としたような

$$f(x) = f(0) + \frac{f'(0)}{1!} x + \frac{f''(0)}{2!} x^2 + \cdots + \frac{f^{(n)}(0)}{n!} x^n + \cdots$$

となるというのですが，これは正しいのですか．

答　この推論は，$(*)$ が成り立つという仮定の下で成り立っているが，この $(*)$ が成り立つという仮定は一般には正しくない．したがってこの推論は，ひとまず根拠がないといってよい．しかし，e^x や，$\sin x$，$\cos x$ などは，このような無限級数で表わされることが知られている．その場合でも，無限級数を，上のようにあたかも多項式のように微分してよいかどうかには問題がある．

だが，このような発見的推論によって，マクローランの公式の意味するものが，多少とも明らかとなるという長所はある．数学では，多くの場合，発見的推論がまずあって，次にそれをいかに論証するかというように，進んでいるようである．発見的推論という考え方は，もっと尊重されてもよいのではなかろうか．

第 28 講

テイラー展開

テーマ

- ◆ C^∞-級の関数
- ◆ テイラー展開
- ◆ e^x，$\sin x$，$\cos x$ のテイラー展開
- ◆ 二項級数
- ◆ $\log(1+x)$ のテイラー展開

この講では，考えている関数は，すべて原点を含むある範囲で定義されているとする．

C^∞-級の関数

関数 $y=f(x)$ が，何回でも微分可能であり，したがって f の高階導関数の無限系列

$$f, f', f'', f''', \ldots, f^{(n)}, \ldots$$

が存在するとき，f をC^∞-級の関数という．f は滑らかな関数であるということもある．

多項式，有理関数，三角関数，指数関数など，すべて C^∞-級の関数である．ふつう出てくる関数は，C^∞-級の関数である．

C^∞-級関数の例の中で，しばしば引き合いに出されるのは次の関数である．

$$\varphi(x)=\begin{cases} e^{-\frac{1}{x^2}}, & x>0 \\ 0, & x \leqq 0 \end{cases}$$

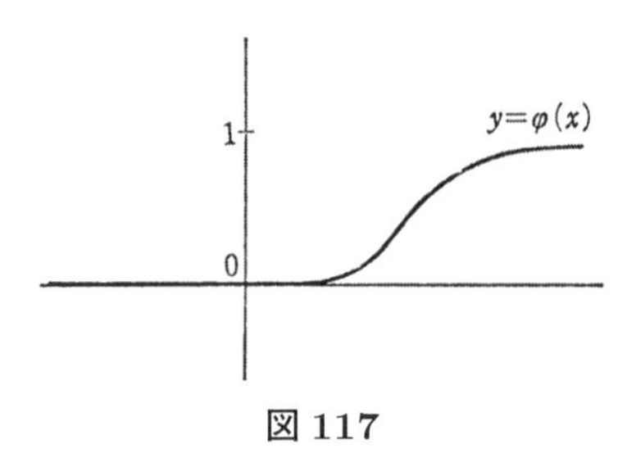

図 117

同様の関数については，第 22 講の Tea Time でも触れておいた．x が左から 0 に近づくときは，恒等的に 0 の状態を保っているが，x が右から 0 に近づくときは，$\varphi(x)$ の値は急速に

小さくなり，このことから，$\varphi(x)$ は，原点でも何回でも微分ができることになり

$$\varphi(0) = \varphi'(0) = \varphi''(0) = \cdots = \varphi^{(n)}(0) = \cdots = 0$$

となることが示される．

テイラー展開

原点を中心とするテイラー展開について述べる．この場合，マクローラン展開ということもあるが，言葉の一般的な使い方の方を尊重して，ここではテイラー展開ということにする．

C^∞-級の関数 $y = f(x)$ が与えられたとする．このとき，マクローランの公式

$$f(x) = f(0) + \frac{f'(0)}{1!}x + \frac{f''(0)}{2!}x^2 + \cdots + \frac{f^{(n-1)}(0)}{(n-1)!}x^{n-1} + R_n,$$

$$R_n = \frac{f^{(n)}(\theta x)}{n!}x^n \quad (0 < \theta < 1)$$

は，n を大きくとることにより，いくらでも先までかいていくことができる．ここで剰余項にでてきた θ は，x のとり方や n のとり方によって，変動していることに注意しておこう．

いま，もし考えている範囲のどの x をとっても

$$(\sharp) \quad |R_n| \longrightarrow 0$$

が成り立つならば，

$$\left| f(x) - \left\{ f(0) + \frac{f'(0)}{1!}x + \frac{f''(0)}{2!}x^2 + \cdots + \frac{f^{(n-1)}(0)}{(n-1)!}x^{n-1} \right\} \right| \longrightarrow 0$$

したがって

$$f(x) = \lim_{n\to\infty} \left\{ f(0) + \frac{f'(0)}{1!}x + \cdots + \frac{f^{(n-1)}(0)}{(n-1)!}x^{n-1} \right\}$$

が成り立つ．このことを

$$f(x) = f(0) + \frac{f'(0)}{1!}x + \frac{f''(0)}{2!}x^2 + \cdots + \frac{f^{(n)}(0)}{n!}x^n + \cdots \quad (1)$$

と表わし，$f(x)$ は (原点を中心とした) テイラー展開が可能であるといい，(1) 式の右辺を $f(x)$ の (原点を中心とした) テイラー展開という．

e^x，$\sin x$，$\cos x$ のテイラー展開

e^x，$\sin x$，$\cos x$ のマクローランの公式による，n 階までの展開は，前講の (2)，(3)，(4) 式で与えられている．

e^x の場合，剰余項は

$$R_n = \frac{e^{\theta x}}{n!}x^n \quad (0 < \theta < 1)$$

である．(♯) の条件を確かめてみよう．いまの場合，

すべての x に対し，$|R_n| \longrightarrow 0$

が成り立つ．

以下その証明：　x を 1 つとめて考える．十分大きい自然数 k をとって，$|x| \leqq k$ が成り立つようにする．

$$e^{\theta x} \leqq e^x \leqq e^k$$

である．また $n > 2k$ にとると

$$\left|\frac{x^n}{n!}\right| = \left|\frac{x \cdot x \cdot \cdots \cdot x}{1 \cdot 2 \cdot \cdots \cdot 2k}\right| \cdot \left|\frac{x \cdots x}{(2k+1) \cdot \cdots \cdot n}\right|$$
$$\leqq \frac{k^{2k}}{(2k)!} \cdot \left(\frac{1}{2}\right)^{n-2k}$$

最後のところで $\frac{|x|}{2k+l} \leqq \frac{k}{2k+l} < \frac{k}{2k} = \frac{1}{2}$ を用いた．

したがって

$$|R_n| \leqq e^k \frac{k^{2k}}{(2k)!} \cdot \left(\frac{1}{2}\right)^{n-2k}$$

この右辺は，$n \to \infty$ のとき，$\to 0$ となる．∎

したがって前講の (2) 式を参照すると，e^x は，すべての x に対して

$$e^x = 1 + \frac{1}{1!}x + \frac{1}{2!}x^2 + \cdots + \frac{1}{n!}x^n + \cdots \qquad (2)$$

とテイラー展開されることがわかる．特に $x = 1$ とおくと

$$e = 1 + \frac{1}{1!} + \frac{1}{2!} + \cdots + \frac{1}{n!} + \cdots$$

となり，これによって，e の値が計算できるようになった．

同様にして，前講の (3)，(4) 式を用いると，$\sin x$，$\cos x$ も，すべての x に対して，条件 (♯) を満たすことが証明できる．したがって，すべての x に対して

$$
\begin{aligned}
\sin x &= x - \frac{1}{3!}x^3 + \frac{1}{5!}x^5 - \cdots + (-1)^m \frac{x^{2m+1}}{(2m+1)!} + \cdots \\
\cos x &= 1 - \frac{1}{2!}x^2 + \frac{1}{4!}x^4 - \cdots + (-1)^m \frac{1}{(2m)!}x^{2m} + \cdots
\end{aligned}
\tag{3}
$$

とテイラー展開されることがわかる.

この $\sin x$, $\cos x$ のテイラー展開で, $\sin x$ の方には x の奇数乗しか現われず, $\cos x$ の方には x の偶数乗しか現われないのは, sin, cos のもつ

$$\sin(-x) = -\sin x, \quad \cos(-x) = \cos x$$

という性質を反映している. この性質を, sin は奇関数, cos は偶関数であるといい表わす.

二項級数と $\log(1+x)$

ここで証明を与えることはできないが, $(1+x)^\alpha$ (α は任意の実数) と $\log(1+x)$ は, $|x| < 1$ で, 次のような形でテイラー展開されることが知られている.

$$
\begin{aligned}
(1+x)^\alpha = 1 &+ \frac{\alpha}{1!}x + \frac{\alpha(\alpha-1)}{2!}x^2 + \cdots \\
&+ \frac{\alpha(\alpha-1)(\alpha-2)\cdots(\alpha-n+1)}{n!}x^n \\
&+ \cdots
\end{aligned}
$$

$$\log(1+x) = x - \frac{x^2}{2} + -\frac{x^3}{3} - \frac{x^4}{4} + \cdots + (-1)^{n-1}\frac{x^n}{n} + \cdots$$

$(1+x)^\alpha$ の上の展開を, 一般の二項級数という. α が自然数, たとえば α が 3 ならば, x^4 以上の係数はすべて 0 となって, よく知られた公式

$$(1+x)^3 = 1 + 3x + 3x^2 + x^3$$

となっていることに注意しよう.

オイラーの公式

e^x の展開式 (2) と，$\sin x$，$\cos x$ の展開式 (3) とを見比べると，この 3 つの関数の間に何か隠された関係があるかもしれないと思えてくる．この関係は，18 世紀の大数学者オイラーによって見出されたが，驚くべきことは，この隠された関係は，実数の中では見出されるものではなく，数の範囲をさらに複素数まで広げて，はじめて明らかになるというものであった．複素数とは実数にさらに虚数単位 i：

$$i^2 = -1$$

をつけ加えてできる数の体系である．

$i^2 = -1$ だから, $i^3 = i \cdot i^2 = -i$, $i^4 = i^2 \cdot i^2 = (-1)^2 = 1$ である．すなわち，i をかける演算は，右図のように 4 周期で回る．

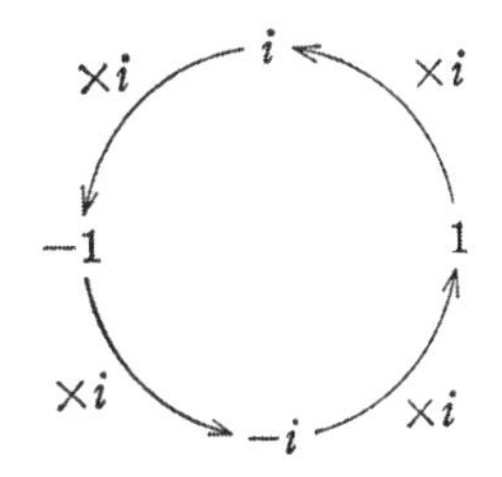

いま，e^x の展開公式 (2) の右辺の係数に現われる変数 x の代りに，ix を代入してみよう．i の掛け算の規則から，その結果は次のようになる．

$$\begin{aligned} &1 + \frac{1}{1!}ix - \frac{1}{2!}x^2 - \frac{1}{3!}ix^3 + \frac{1}{4!}x^4 + \frac{1}{5!}ix^5 + \cdots \\ &= \left(1 - \frac{1}{2!}x^2 + \frac{1}{4!}x^4 - \cdots\right) + i\left(x - \frac{1}{3!}x^3 + \frac{1}{5!}x^5 - \cdots\right) \end{aligned}$$

となる．この式を (3) 式と見比べると，2 つの括弧の中は，それぞれ $\cos x$ と $\sin x$ になっていることがわかる．

このことからオイラーは

$$e^{ix} = \cos x + i \sin x$$

という公式が成り立つことを発見した．もっとも，e の ix 乗とは何かということは，この段落では，はっきりしたことではない．しかし，不思議なことに，たとえば指数法則 $e^{ix}e^{iy} = e^{i(x+y)}$ が成り立つかどうかを，オイラーの公式の右辺を使って確かめてみると，この法則は，ちょうど三角関数の加法定理に対応しているのである．このような，複素数を導入した場合にも保たれている，関数の間の関係の不思議な整合性については，19 世紀になって，関数論という研究分野の確立によってはじめて明らかにされたことであった．

第 29 講

テイラー展開 (つづき)

テーマ
- ◆ テイラー展開の右辺：　1点のごく近くでの関数の局所的性質
- ◆ テイラー展開の左辺：　関数の大域的な性質
- ◆ テイラー展開の左辺=右辺：　大域性と局所性
- ◆ テイラー展開のできない C^{∞}-級の関数

テイラー展開の右辺

C^{∞}-級の関数 $y = f(x)$ が，原点を含むある範囲でテイラー展開されたとする．

$$f(x) = f(0) + \frac{f'(0)}{1!}x + \frac{f''(0)}{2!}x^2 + \cdots + \frac{f^{(n)}(0)}{n!}x^n + \cdots \tag{1}$$

説明の簡単のため，ここではこの式は，すべての x に対して成り立つとする．

右辺を見ると，平均値の定理や，テイラーの公式などで，いつも登場してきた，性格のあまりはっきりしない数 $\theta(0 < \theta < 1)$ は，いわば右辺の式の最後にかかれた $\cdots$ の彼方に消えてしまった．しかし，第 25 講の Tea Time で述べたように，いろいろの公式に θ のような数が現われることは，微分の考えの中にある局所性からくる，本質的なことであった．したがって，この θ が消えてしまったような関数——テイラー展開ができる関数——には，ある独特な，このような関数固有な性質が現われてくるに違いない．

(1) 式の右辺を見ると，右辺の係数を決めるのは

$$f(0),\ f'(0),\ f''(0),\ \ldots,\ f^{(n)}(0),\ \ldots$$

の値だけである．

$f(0)$ の値は，もちろん $f(x)$ の $x = 0$ の値だけ知ればよいが，$f'(0)$ の値はそうはいかない．しかし，いま十分小さい (どんなに小さくてもよい) 正数 ε を 1 つとると

(∗)　$(-\varepsilon, \varepsilon)$ の範囲で $f(x)$ の値がわかっている

とする．すなわち，$(-\varepsilon, \varepsilon)$ の範囲での $f(x)$ の挙動が完全にわかっていたとする．このとき，

$$f'(0) = \lim_{h \to 0} \frac{f(h) - f(0)}{h}$$

の値を求めることができる．

しかし，(∗) を仮定していると，単に $f'(0)$ だけではなくて，$(-\varepsilon, \varepsilon)$ の中にある任意の x に対して，$f'(x)$ を計算できる．したがって (∗) の仮定の下では

(∗∗)　$(-\varepsilon, \varepsilon)$ の範囲で，$f'(x)$ の値を知ることができる

このことから，$f''(0)$ を計算できる．しかしここでもまた上と同じ推論が可能となって，$(-\varepsilon, \varepsilon)$ の範囲で，$f''(x)$ の値がわかり，したがってまた，$f'''(0)$ を計算できる．

以下同様にして，結局

(∗) の仮定の下で，$f(0), f'(0), \ldots, f^{(n)}(0), \ldots$ をすべて求めることができることがわかった．

すなわち

(∗) の仮定の下で，(1) 式の右辺は完全に決定する．

テイラー展開の左辺と右辺

テイラー展開の左辺にある $f(x)$ の中にある x にはどんな大きい値を入れてもよい．たとえば，宇宙の涯にあるような大きな x の値を入れてもよい．

ところが，このような所での $f(x)$ の挙動を知るにも，テイラー展開 (1) の右辺の値が求められればよい．しかし上に述べたことによると，右辺は十分小さい $(-\varepsilon, \varepsilon)$ の範囲の所での $f(x)$ の挙動がわかるとわかってしまう．

すなわち，(1) 式の述べていることは，$y = f(x)$ のグラフがどんどん広がっていく模様 (左辺!!) は，実は，$f(x)$ の $(-\varepsilon, \varepsilon)$ の間の動きによって完全に規制されているということである．

いい方を変えて次のようにいってもよい.

すべての x に対してテイラー展開が成り立つもう 1 つ別の関数 $g(x)$ をとる.

(ロ)　もし十分小さい正数 ε をとって, $(-\varepsilon, \varepsilon)$ の範囲で $f(x) = g(x)$ が成り立てば, 実はすべての x に対して $f(x) = g(x)$ が成り立つ.

なぜなら, このとき $f(0) = g(0)$, $f'(0) = g'(0)$, …, $f^{(n)}(0) = g^{(n)}(0)$, … となり, f と g のテイラー展開が一致し, したがってまた, $f(x) = g(x)$ となってしまうからである.

テイラー展開 (1) の左辺は, 関数が広がっていく模様を示し, 右辺は, 高階微分という考えを用いて, 原点のごく近くの $f(x)$ の情報を, できるだけ取り出したものとなっている. 左辺は, 関数 f の大域的な性質であり, 右辺は局所的な性質である. この 2 つの相反する性質が, 関数 f では, 完全に結び合っているということを主張するのが, テイラー展開の意味である.

テイラー展開のできない C^∞-級の関数

上の説明によって, テイラー展開 (1) が成り立つような C^∞-級の関数は, 非常に特別なものであって, ほとんどすべての C^∞-級関数は, テイラー展開ができないことが推論できる.

たとえば, 図 118 で, 3 つのグラフがかかれている. 1 つは $y = \sin x$ のグラフである. 点線でグラフのかかれている関数 $y = g(x)$ も, 鎖線でグラフのかかれている関数 $y = h(x)$ も C^∞-級の関数とする. $g(x)$ も $h(x)$ も原点の十分近くでは, $\sin x$ と値が一致している. このことから, (ロ) により, $g(x)$ も, $h(x)$ も, $\sin x$ と値が異なる範囲 (グラフが $\sin x$ とわかれてしまった範囲) まで成り立つような, テイラー展開はもつことができないことが結論されてしまうのである.

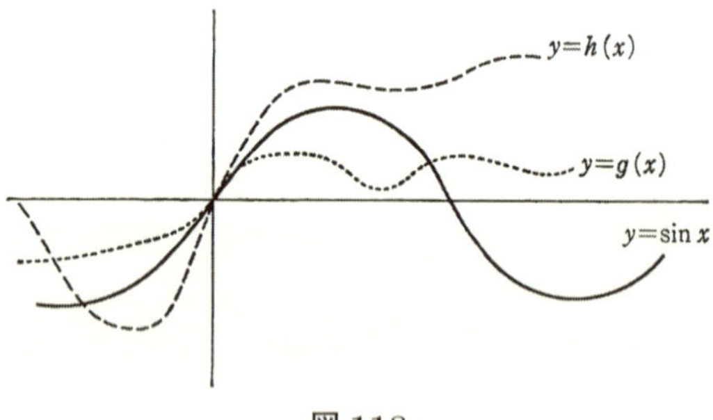

図 118

すなわち, 原点の近くでは, $g(x)$ と $h(x)$ は $\sin x$ と全く同じ値をとっているのだから, (1) 式の右辺を計算すると, 3 つの関数はすべて同じものとなってしまう．それにもかかわらず，$g(x)$，$h(x)$ のグラフが $\sin x$ のグラフと違うということは，x が大きくなると (1) 式の左辺は互いに異なる値をとるということである．このことは，$g(x)$，$h(x)$ に対しては，もう (1) の等式が成り立たないこと，すなわち，グラフが $\sin x$ と枝分かれするところから，テイラー展開 (1) は $g(x)$ と $h(x)$ に対しては成り立たないことを示している．

前講でさりげなくかかれている剰余項が 0 に収束する条件は，まことに強い条件を $f(x)$ に課していることがわかる．

グラフが枝分かれする所

図 118 で，$y = \sin x$ のグラフと，$y = g(x)$ のグラフの枝分かれする所を，もう少し大きくかくと，図 119 のようになる．

この枝分かれする点での，$y = \sin x$ と $y = g(x)$ のグラフは，単にそこで，2 つのグラフの接線の傾きが一致しているだけではなく，すべての高階導関数の値が一致している．なぜなら，2 つのグラフは，枝分かれする点の左側では，完全に一致しているからである ($g(x)$ は C^∞-級と仮定しているから，高階導関数の値は，左側の値だけからで計算できる)．このようなとき，$y = \sin x$ と $y = g(x)$ は，枝分かれする点で，無限次の接触をしているという．

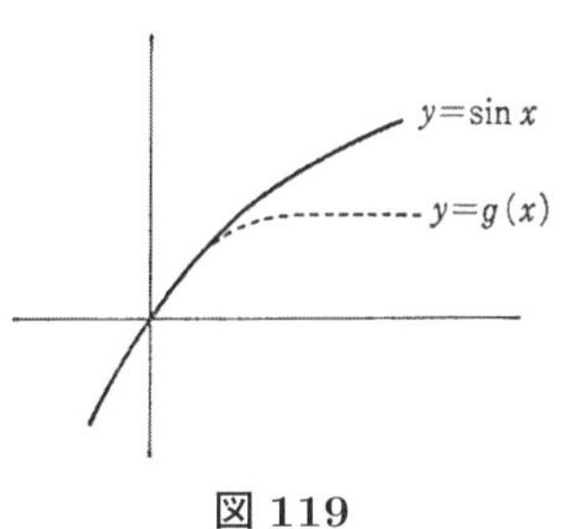

図 119

無限次の接触をしている最も典型的な例は，前に述べた

$$\varphi(x) = \begin{cases} e^{-\frac{1}{x^2}}, & x > 0 \\ 0, & x \leqq 0 \end{cases}$$

のグラフと，x 軸 ($y = 0$ のグラフ！) との原点における状況である．$y = \varphi(x)$ のグラフは，負の方からきて原点を通り過ぎると，ごく微少な量だけ高さを増し始めて，ついにはっきりと x 軸と分かれていく．この微妙な状況は描くわけにいかず，感じとってもらうしかない (第 22 講，Tea Time 参照)．

$\varphi(0) = \varphi'(0) = \cdots = \varphi^{(n)}(0) = \cdots = 0$ だから，

$$\varphi(0)+\frac{\varphi'(0)}{1!}x+\cdots+\frac{\varphi^{(n)}(0)}{n!}x^n+\cdots$$

は，恒等的に 0 であり，この式は，x 軸の方を表わしているが，枝分かれを始めた $\varphi(x)$ の方は表わしていないのである．

Tea Time

質問　C^∞-級の関数の中で，テイラー展開ができるような関数は，むしろ例外的なものだということはよくわかりました．しかしなぜ，この例外的な関数の方に，私達がふだんよく使っており，また自然現象の数学的記述の中にもふつうにでてくる，e^x や $\sin x$，$\cos x$，などが含まれていたのでしょうか．

答　理由はわからない．God knows というべきであろう．しかし，テイラー展開のような定式化によって，関数のもつ大域的な性質と，局所的な性質がはっきりと表現できたことは，まことに驚くべきことであった．大域的な観点と局所的な観点の織りなす綾は，微積分全体の中を流れる基調のようなものであるが，この調べは，どこかでニュートン力学の因果法則の調べと，重なり合っているようである．

第 30 講

ウォリスの公式

テーマ

◆ $\sin^n x$ の定積分

◆ ウォリスの公式

◆ $\frac{\pi}{2} = \frac{2\cdot2\cdot4\cdot4\cdot6\cdot6\cdots}{1\cdot3\cdot3\cdot5\cdot5\cdot7\cdots}$

◆ $\tan^{-1} x$ の展開

さて，この講で本書は終わることになった．この所，微分の話が続いたので，最後に定積分の話に戻って，円周率 π を表わす，古典的なウォリス (Wallis, 1616–1703) の公式を主題として述べて終わりにしよう．

$\sin^n x$ の定積分

n を自然数として

$$S_n = \int_0^{\frac{\pi}{2}} \sin^n x\,dx$$

を計算してみよう．$\sin^n x = \sin^{n-1} x \cdot \sin x$，$\int \sin x\,dx = -\cos x$ だから，部分積分の公式 (第 17 講 (III)$''$) により

$$\begin{aligned} S_n &= -\sin^{n-1} x \cdot \cos x \Big|_0^{\frac{\pi}{2}} + (n-1)\int_0^{\frac{\pi}{2}} \sin^{n-2} x \cdot \cos^2 x\,dx \\ &= (n-1)\int_0^{\frac{\pi}{2}} \sin^{n-2} x\,dx - (n-1)\int_0^{\frac{\pi}{2}} \sin^n x\,dx \end{aligned}$$

ここで $\cos^2 x = 1 - \sin^2 x$ を用いた．すなわち

$$S_n = (n-1)S_{n-2} - (n-1)S_n$$

移項して，$n \geqq 2$ のとき

$$S_n = \frac{n-1}{n} S_{n-2} \tag{1}$$

という関係が得られた．

また

$$S_0 = \int_0^{\frac{\pi}{2}} 1\,dx = \frac{\pi}{2} \quad (\sin^0 x = 1)$$

$$S_1 = \int_0^{\frac{\pi}{2}} \sin x\,dx = -\cos x\Big|_0^{\frac{\pi}{2}} = 1$$

である．

(1) を繰り返して用いると，n が偶数のときと，奇数のときとを区別して

$$S_{2n} = \frac{2n-1}{2n}\frac{2n-3}{2n-2}\cdots\frac{1}{2}\frac{\pi}{2} \tag{2}$$

$$S_{2n+1} = \frac{2n}{2n+1}\frac{2n-2}{2n-1}\cdots\frac{2}{3} \tag{3}$$

が得られる．

注意　自然数 n から始めて，1 つおきに小さい方へかけていったものを $n!!$ と表わすことがある．

$$n!! = n(n-2)(n-4)\cdots$$

である．この記法を用いれば

$$S_{2n} = \frac{(2n-1)!!}{(2n)!!}\frac{\pi}{2}, \quad S_{2n+1} = \frac{(2n)!!}{(2n+1)!!}$$

である．

ウォリスの公式

(2) 式と (3) 式により

$$\begin{aligned} \frac{\pi}{2}\frac{S_{2n+1}}{S_{2n}} &= \frac{(2n)!!\,(2n)!!}{(2n+1)!!\,(2n-1)!!} \\ &= \frac{2\cdot 2\cdot 4\cdot 4\cdots 2n\cdot 2n}{1\cdot 3\cdot 3\cdot 5\cdots(2n-1)(2n+1)} \end{aligned} \tag{4}$$

$0 < x < \frac{\pi}{2}$ では，$0 < \sin x < 1$ だから

$$0 < \sin^{2n+1} x < \sin^{2n} x < \sin^{2n-1} x$$

したがって，0 から $\frac{\pi}{2}$ までの定積分でもこの大小関係は保たれて

$$0 < S_{2n+1} < S_{2n} < S_{2n-1}$$

となる．

ゆえに

$$1 < \frac{S_{2n}}{S_{2n+1}} < \frac{S_{2n-1}}{S_{2n+1}} = \frac{2n+1}{2n}$$

したがって

$$\lim_{n\to\infty} \frac{S_{2n}}{S_{2n+1}} = 1$$

したがって，(4) 式で $n \to \infty$ とすると

$$\frac{\pi}{2} = \frac{2\cdot 2\cdot 4\cdot 4\cdot 6\cdot 6\cdots 2n\cdot 2n\cdots}{1\cdot 3\cdot 3\cdot 5\cdot 5\cdot 7\cdots(2n-1)(2n+1)\cdots}$$

が得られた．これをウォリスの公式という．

円周率 π が，無限積の形ではあるが，このようにはじめてはっきりと表わされたのである．

$\tan^{-1}x$ の展開

以下で述べることは，数学的準備がなお不十分であって，全部に証明をつけるわけにはいかないが，円周率 π を無限級数で表わす古典的な結果なので，ついでにここで触れておく．

等比数列の公式から $|x| < 1$ で

$$\frac{1}{1+x^2} = 1 - x^2 + x^4 - \cdots + (-1)^n x^{2n} + \cdots$$

が成り立つ．両辺を 0 から x まで積分して

$$\int_0^x \frac{dx}{1+x^2} = \int_0^x (1 - x^2 + x^4 - \cdots + (-1)^n x^{2n} + \cdots)\,dx$$

となる．左辺は $\tan^{-1} x$ である．右辺は項別に積分してよいことが知られていて，したがって

$$\tan^{-1} x = x - \frac{x^3}{3} + \frac{x^5}{5} + \cdots + (-1)^n \frac{x^{2n+1}}{2n+1} + \cdots$$

が成り立つ．

この式は $|x| < 1$ のところで成り立つ式であるが，$x = 1$ とおいたとき，右辺は収束することが知られており，そのときには，上の式は $x = 1$ でも成り立つのである (アーベルの定理)．そこで $x = 1$ とおいてみると

$$\frac{\pi}{4} = 1 - \frac{1}{3} + \frac{1}{5} - \frac{1}{7} + \cdots$$

が成り立つことがわかる．この級数を，ライプニッツの級数という．

Tea Time

質問　これからどんなことを勉強したらよいのでしょうか．

答　この30講で述べてきたことは，ごく基本的なことで，力学への応用とか，最大，最小のいろいろな問題なども取り扱うことができなかった．微積分には，実に多種，多様な問題がある．微積分に一層近づくためには，これらの問題を解く力を養成することが必要となってくるだろう．

また，微分方程式や，多変数の微積分についてもほとんど一言も触れることができなかった．これらは，また新しく勉強する主題となるだろう．テイラー展開によって表わされる関数——解析関数——の性質をよりよく理解するためには，数の範囲をさらに実数から複素数へと広げなくてはならない．そこには関数論の透明な理論が展開している．

ここでの勉強が，微積分を身近に感じさせ，さらにもう少し数学を学んでみようかという気持を起こさせたならば，嬉しいことである．

問題の解答

第 1 講

問 1　左から順に $\frac{9}{35}$，$\frac{19}{70}$，$\frac{2}{7}$，$\frac{8}{21}$ の順で並んでいる (分数で表わされている数の大小関係を調べるには，分母を通分した上で，分子の大小関係を調べるとよい．実際は，小数で表わしてから，大小を調べるのがふつうである)．

問 2　$-\frac{4}{7}$ の方が右にある．

第 2 講

問 2　$a < b$ とする．P と Q の間の長さは $b-a$，したがって P から中点までの長さは $\frac{b-a}{2}$．したがって中点の座標は $a + \frac{b-a}{2} = \frac{a+b}{2}$ となる．

第 3 講

問 1　1)　2)

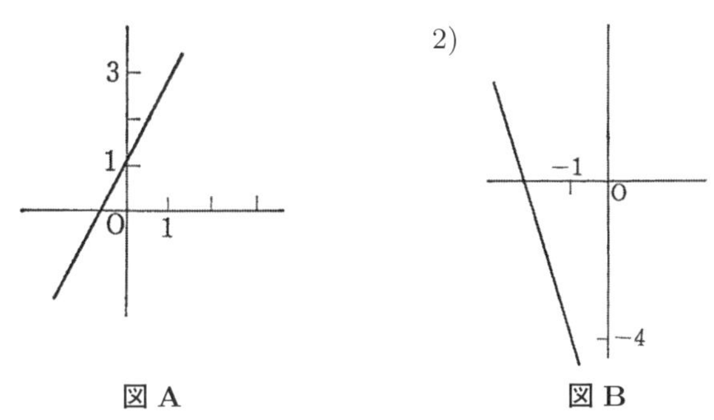

図 A　図 B

問 3　2 直線が平行となる条件は傾きが等しいことである．$y = mx + 1$ の傾きは m であり，$y = nx - 5$ の傾きは n である．したがって平行となる条件は $m = n$ である．

第 4 講

問 1　1)　2)　3)

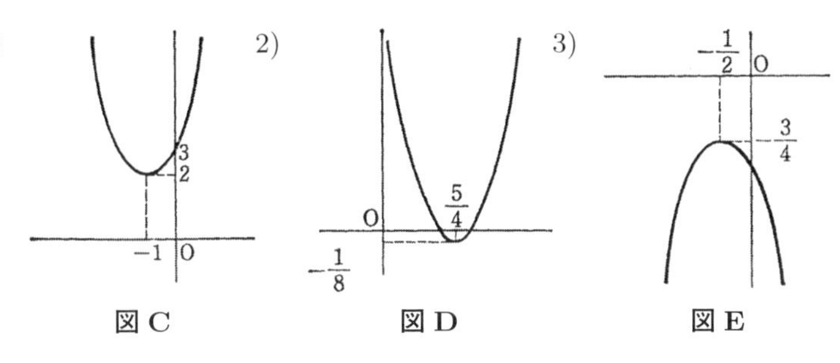

図 C　図 D　図 E

問 2　点 P (x, y) と x 軸に関して対称な点 Q の座標は $(x, -y)$ で与えられる．求める 2 次関数は点 Q が $y = x^2 + x + 2$ の上にあるような関係を満たす (x, y) として求められる．すなわち

$$-y = x^2 + x + 2$$

書き直して

$$y = -x^2 - x - 2$$

問 3　$y = x^2$ のグラフは，$x = \pm\frac{1}{2}$ のとき，x 軸から，高さが $\frac{1}{4}$ 上がることに注意せよ．

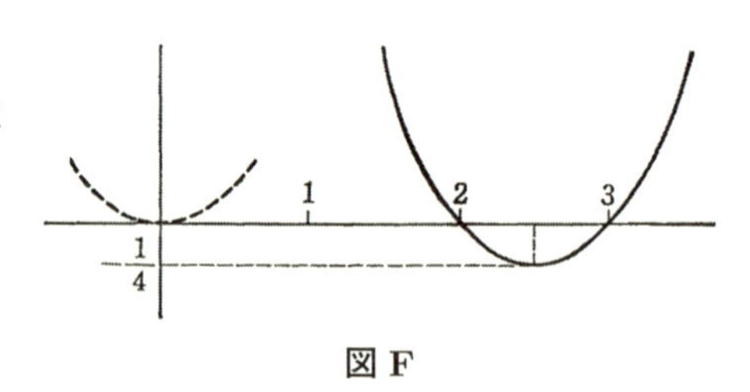

図 F

第 5 講

問 1　1)　最大値 6　　2)　最小値 $\frac{31}{8}$

問 2　直角を挟む 2 辺の長さを x, y (cm) とし，面積を S (cm^2) とする．仮定から

$$x + y = 12, \quad x \geqq 0, \quad y \geqq 0$$

$S = \frac{1}{2}xy$ に代入して

$$S = \frac{1}{2}x(12 - x)$$

となる．S は $x = 6$ のとき最大値をとり，最大値は 18 である．

問 3　-13，17

第 6 講

問 1　x と X の座標変換は

$$X = x + \frac{b}{3a}, \quad x = X - \frac{b}{3a}$$

で与えられている．これを与えられた関数 (1) に代入して

$$\begin{aligned} y &= a\left(X - \frac{b}{3a}\right)^3 + b\left(X - \frac{b}{3a}\right)^2 + c\left(X - \frac{b}{3a}\right) + d \\ &= a\left(X^3 - \frac{b}{a}X^2 + \frac{b^2}{3a^2}X - \frac{b^3}{27a^3}\right) + b\left(X^2 - \frac{2b}{3a}X + \frac{b^2}{9a^2}\right) \\ &\quad + c\left(X - \frac{b}{3a}\right) + d \\ &= aX^3 + CX + \beta \end{aligned}$$

ここで

$$C = \frac{b^2}{3a} - \frac{2}{3}\frac{b^2}{a} + c$$
$$\beta = -\frac{b^3}{27a^2} + \frac{b^3}{9a^2} - \frac{bc}{3a} + d$$

である．β は，$x = -\dfrac{b}{3a}$ のときの y の値となっていることに注意しよう．

$$Y = y - \beta$$

とおくと，

$$Y = aX^3 + CX$$

となる．

(X, Y) がこのグラフ上にあれば，$Y = aX^3 + CX$ であり，したがって

$$-Y = -aX^3 - CX = a(-X)^3 + C(-X)$$

だから，$(-X, -Y)$ もこのグラフ上にある．このことは，(1) は，XY 座標の原点 P に関し，点対称であることを示している．

問 2　$\{(p+h)^3 - (p+h) + 1\} - (p^3 - p + 1) = (3p^2 - 1)\,h + 3ph^2 + h^3$
から，この式を h で割って，h を 0 に近づけると，点 P における接線の傾きは $3p^2 - 1$ となることがわかる．

第 7 講

問 1　1)　$y' = 9x^2 - 4x + 5$　　2)　$y' = -18x^2 - 7$

問 2　$y = f(x) = ax^3 + bx^2 + cx + d$ とおくと

$$f'(x) = 3ax^2 + 2bx + c = 2x^2 - 6x + 1$$

したがって

$$3a = 2, \quad 2b = -6, \quad c = 1$$

これから

$$a = \frac{2}{3}, \quad b = -3, \quad c = 1$$

がわかる．また $f(0) = 5$ から $d = 5$．ゆえに

$$f(x) = \frac{2}{3}x^3 - 3x^2 + x + 5$$

第 9 講

問 1　1)　$y' = -35x^4 + 3x^2 + 2$　　2)　$y' = 100x^{99} - 400x^{49} + 2x$

問 2　1)　公式 (III) を繰り返して使う：

$$\begin{aligned}(fgh)' &= (f \cdot gh)' = f' \cdot gh + f \cdot (gh)' \\ &= f'gh + f\,(g'h + gh') \\ &= f'gh + fg'h + fgh'\end{aligned}$$

2)　帰納法の考えによる．$n=1,2,3$ のとき成り立つことは知っている．$n-1$ のときまで成り立ったとする．このとき公式 (III) から

$$
\begin{aligned}
(f_1f_2\cdots f_n)' &= ((f_1f_2\cdots f_{n-1})\cdot f_n)' \\
&= (f_1f_2\cdots f_{n-1})' f_n + (f_1f_2\cdots f_{n-1}) f_n' \\
&= f_1'f_2\cdots f_n + f_1f_2'f_3\cdots f_n + \cdots + f_1f_2\cdots f_n'
\end{aligned}
$$

となり，n のときにも成り立つことがわかる．

3)　$f_1=f_2=\cdots=f_n=x$ とおくと，

$$
\begin{aligned}
(x^n)' = (x\cdot x\cdot\cdots\cdot x)^n &= 1\cdot x\cdot\cdots\cdot x + x\cdot 1\cdot x\cdot\cdots\cdot x \\
&\quad + x\cdot x\cdot 1\cdot x\cdot\cdots\cdot x + \cdots \\
&= nx^{n-1}
\end{aligned}
$$

第10講

問1　1)　$y' = \dfrac{3x^2(x^2+5x+1) - x^3(2x+5)}{(x^2+5x+1)^2}$

$$= \frac{x^4+10x^3+3x^2}{(x^2+5x+1)^2}$$

2)　$y' = \dfrac{-6}{(x+1)^2} + 8\cdot\dfrac{1}{2}\dfrac{1}{\sqrt{x}}$

$$= \frac{-6}{(x+1)^2} + \frac{4}{\sqrt{x}}$$

3)　$y' = \dfrac{\frac{1}{2\sqrt{x}}(x^3+x+1) - \sqrt{x}(3x^2+1)}{(x^3+x+1)^2}$

$$= \frac{x^3+x+1-2x(3x^2+1)}{2(x^3+x+1)^2\sqrt{x}} = \frac{-5x^3-x+1}{2(x^3+x+1)^2\sqrt{x}}$$

問2　$y = \dfrac{x}{(x-2)(x-3)}$

$$y' = \frac{(x^2-5x+6) - x(2x-5)}{(x^2-5x+6)^2}$$

$$= \frac{-x^2+6}{(x^2-5x+6)^2} = \frac{-(x+\sqrt{6})(x-\sqrt{6})}{(x-2)^2(x-3)^2}$$

x が 2，または 3 に近づくとき，y の分母はいくらでも小さくなり (分子は 2，または 3 に近づく)，したがって $|y|$ はどんどん大きくなる．また $|x|$ が大きくなるとき，$|y|$ は 0 に近づく (Tea Time 参照)．y' の符号の変化は左のようになる．

x		$-\sqrt{6}$		$\sqrt{6}$	
y'	$-$	0	$+$	0	$-$
y	↘		↗		↙

$\sqrt{6} \fallingdotseq 2.45$ として

$x=-\sqrt{6}, \sqrt{6}$ のときの y の値を求めると

$$y \fallingdotseq -0.10, -9.9$$

これらのことから，グラフは，図 G のようになる．

x が負のとき，y は負となるが，その値は -0.10 より小さくならないから，グラフは，

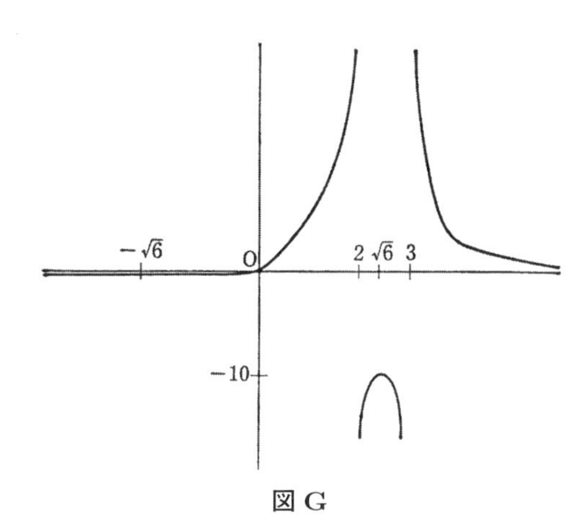

図 G

実際は x 軸の下を走っているのであるが，見かけ上は，x 軸上にのっているようになる．

第 11 講

問 1　単位円上にある点 P (x, y) の，x 軸に関して対称な点 Q の座標は $(x, -y)$ である．P が x 軸から θ の方向にあれば，Q は $-\theta$ の方向にある．
したがって，cos，sin の定義から

$$\cos(-\theta) = \cos\theta, \quad \sin(-\theta) = -\sin\theta$$

図 I

問 2　図 H から明らかであろう．

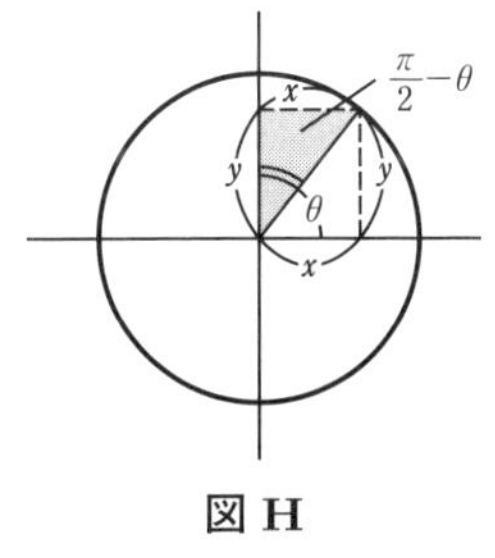

図 H

問 3　1)　$y = 3\sin\theta$ のグラフは，$y = \sin\theta$ のグラフを，y 軸の方向に 3 倍したものである．

2)　$y = \cos 2\theta$ のグラフは，$y = \cos\theta$ のグラフを y 軸の方向へ $\frac{1}{2}$ だけ引き寄せたような形となる．

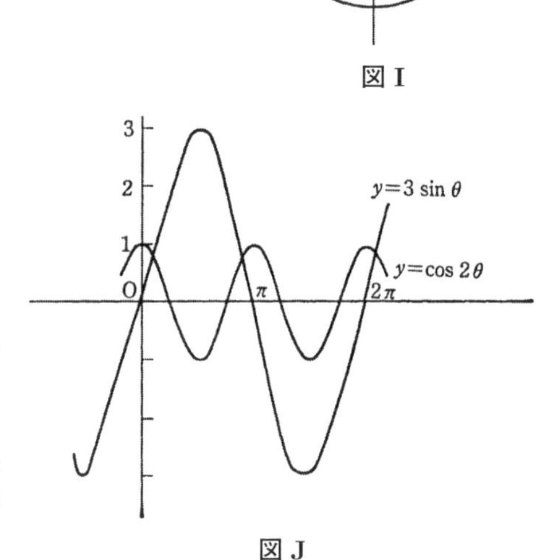

図 J

第12講

問1　1)　$y' = 2\cos x\cos x + 2\sin x(-\sin x) + \dfrac{1}{\cos^2 x}$

$$= 2\left(\cos^2 x - \sin^2 x\right) + \frac{1}{\cos^2 x}$$

2)　$y' = \dfrac{-(\sin x)'}{\sin^2 x} = \dfrac{-\cos x}{\sin^2 x}$

問2　$F(x) = x - \sin x$ とおく．$F(0) = 0$ である．一方 $F'(x) = 1 - \cos x \geqq 0$．ここで等号が成り立つのは $x = 2n\pi$ $(n = 1, 2, \ldots)$ のときだけである．したがって $F(x)$ は単調増加，特に $x > 0$ で $F(x) > F(0)$．これで $x > \sin x$ が示された．

問3　第10講，Tea Time 参照.

第13講

問1　1)　$y' = 3e^x + 5\cos x$　　2)　$y' = \dfrac{6}{x} - \dfrac{3}{x} = \dfrac{3}{x}$　($\log x^6 = 6\log x$ に注意)

問2　$x = e$ における $\log x$ の微係数は $\dfrac{1}{e}$ である．また $\log e = 1$ である．したがって第7講，Tea Time を参照すると，求める接線の式は

$$y = \frac{1}{e}(x - e) + 1 = \frac{1}{e}x$$

となる.

第14講

問1　1)　$y' = \cos\left(\dfrac{x^2+1}{x}\right) \cdot \dfrac{2x \cdot x - (x^2+1) \cdot 1}{x^2}$

$$= \cos\left(\frac{x^2+1}{x}\right) \cdot \frac{x^2-1}{x^2}$$

2)　$y' = e^{\cos x} \cdot (-\sin x)$

$$= -\sin x \cdot e^{\cos x}$$

3)　$y' = \dfrac{1}{5x^3 + x\sin x} \cdot (15x^2 + \sin x + x\cos x)$

問2　$\{\sin(x+\alpha)\}' = \cos(x+\alpha)$

$$(\sin x\cos\alpha + \sin\alpha\cos x)' = \cos x\cos\alpha - \sin\alpha\sin x$$

この両辺を等しいとおくと，cos の加法定理となっている.

問3　合成関数の微分の公式から

$$(\log f(x))' = \frac{1}{f(x)} \cdot f'(x)$$

である.

$$f(x) = x^{\frac{m}{n}} \quad \text{のとき} \quad \log f(x) = \frac{m}{n}\log x$$

したがって

$$(\log f(x))' = \frac{m}{n}\frac{1}{x}$$

よって

$$(\sqrt[n]{x^m})' = (x^{\frac{m}{n}})' = x^{\frac{m}{n}} \cdot \frac{m}{n}\frac{1}{x} = \frac{m}{n}x^{\frac{m}{n}-1}$$

第 15 講

問 1　1)　$y' = 3\dfrac{1}{\sqrt{1-x^2}}\cos^{-1}x - 3\dfrac{1}{\sqrt{1-x^2}}\sin^{-1}x$

$$= \frac{3}{\sqrt{1-x^2}}(\cos^{-1}x - \sin^{-1}x)$$

2)　$y' = 2x \cdot \tan^{-1}x + x^2\dfrac{1}{1+x^2}$

問 2　$(\sin^{-1}x)' = \dfrac{1}{\sqrt{1-x^2}}$，$(\tan^{-1}x)' = \dfrac{1}{1+x^2}$ だから，接線の傾きが等しい場所があれば，

$$\frac{1}{\sqrt{1-x^2}} = \frac{1}{1+x^2}$$

となる．すなわち，$\sqrt{1-x^2} = 1+x^2$ が成り立たなくてはならないが，$x > 0$ で左辺 < 1，右辺 > 1 だから，このような正数 x は存在しない．

第 16 講

問 1　1)　$\displaystyle\int \sqrt[3]{x}\,dx = \frac{1}{\frac{1}{3}+1}x^{\frac{1}{3}+1} + C$

$$= \frac{3}{4}x^{\frac{4}{3}} + C \quad (\text{第 14 講，問 3 参照})$$

$$\int \sqrt[4]{x}dx = \frac{4}{5}x^{\frac{5}{4}} + C$$

2)　$\displaystyle\int x^{\frac{1}{n}}dx = \frac{1}{\frac{1}{n}+1}x^{\frac{1}{n}+1} + C$

$$= \frac{n}{n+1}x^{\frac{n+1}{n}} + C$$

3)　$n = -1$ のときは $\int x^{-1}dx = \log|x| + C$

$n \neq -1$ のときは

$$\int x^{\frac{1}{n}}\,dx = \frac{n}{n+1}x^{\frac{n+1}{n}} + C$$

問 2　第 13 講，質問参照．

第17講

問1　1)　$5\sin^{-1}x + 2\tan^{-1}x + C$　　2)　$\dfrac{1}{18}(3x-7)^6 + (2x+7)^3$

3)
$$\begin{aligned}\int x^2\sin x\,dx &= x^2(-\cos x) - \int 2x(-\cos x)\,dx \\ &= -x^2\cos x + 2\int x\cos x\,dx \\ &= -x^2\cos x + 2\left(x\sin x - \int \sin x\,dx\right) \\ &= -x^2\cos x + 2x\sin x + 2\cos x + C\end{aligned}$$

問2　$\int h(x)dx$ の代りに $\int h(x)dx + 1$ をとると，(III)$''$ の右辺は

$$\begin{aligned}&f(x)\cdot\left(\int h(x)\,dx + 1\right) - \int f'(x)\left(\int h(x)\,dx + 1\right)dx \\ &= f(x)\int h(x)\,dx + f(x) - \int f'(x)\left(\int h(x)dx\right)dx - \int f'(x)\,dx\end{aligned}$$

この右辺の最後の項は $f(x) + C$ であることに注意すると，この式は (III)$''$ の右辺に等しいことがわかる．

問3

$$\int e^x\sin x\,dx = e^x\sin x - \int e^x\cos x\,dx$$
$$\int e^x\cos x\,dx = e^x\cos x + \int e^x\sin x\,dx$$

この 2 式から

$$\int e^x\sin x\,dx = \frac{1}{2}e^x(\sin x - \cos x) + C$$
$$\int e^x\cos x\,dx = \frac{1}{2}e^x(\sin x + \cos x) + C$$

となる．

$\int e^{ax}\sin bx\,dx$，$\int e^{ax}\cos bx\,dx$ も同様にして求められる．結果だけ記しておく．

$$\int e^{ax}\sin bx\,dx = e^{ax}\frac{a\sin bx - b\cos bx}{a^2+b^2}$$
$$\int e^{ax}\cos bx\,dx = e^{ax}\frac{a\cos bx + b\sin bx}{a^2+b^2}$$

問4　$\int \tan x\,dx = \int \dfrac{\sin x}{\cos x}\,dx$，$\cos x = t$ とおくと $-\sin x\,dx = dt$．したがって

$$\begin{aligned}\int \tan x\,dx &= \int\left(-\frac{1}{\cos x}\right)dt = \int\left(-\frac{1}{t}\right)dt = -\int\frac{1}{t}dt \\ &= -\log|t| + C = -\log|\cos x| + C\end{aligned}$$

第18講

問1　$x = 1$ と $x = 2$ を n 等分する分点は

$$A_0 = 1,\quad A_1 = 1 + \frac{1}{n},\quad A_2 = 1 + \frac{2}{n},\ \ldots,\quad A_n = 1 + \frac{n}{n}$$

である．対応する上の階段の面積 $\tilde{S}_n$ は

$$\begin{aligned}\tilde{S}_n &= \frac{1}{n}\left\{\left(1+\frac{1}{n}\right)^2+\left(1+\frac{2}{n}\right)^2+\cdots+\left(1+\frac{n}{n}\right)^2\right\}\\ &= \frac{1}{n^3}\left\{(n+1)^2+(n+2)^2+\cdots+(2n)^2\right\}\\ &= \frac{1}{n^3}\left\{1^2+2^2+\cdots+(2n)^2-\left(1^2+2^2+\cdots+n^2\right)\right\}\\ &= \frac{1}{n^3}\left\{\frac{1}{6}2n(2n+1)(4n+1)-\frac{n(n+1)(2n+1)}{6}\right\}\\ &\to \frac{16}{6}-\frac{2}{6}=\frac{7}{3}\quad (n\to\infty)\end{aligned}$$

同様にして，下からの階段の面積 S_n も，n が大きくなるとき $\frac{7}{3}$ へ近づくことがわかる．したがって求める面積は $\frac{7}{3}$ である．

問 2　$\frac{1}{4}$

第 19 講

問 1

$$\int_0^{2\pi}\sin x\,dx=\int_0^{\pi}\sin x\,dx+\int_{\pi}^{2\pi}\sin x\,dx$$

グラフから明らかに

$$\int_0^{\pi}\sin x\,dx=-\int_{\pi}^{2\pi}\sin x\,dx$$

ゆえに $\int_0^{2\pi}\sin x\,dx=0$．同様に考えて $\int_0^{2\pi}\cos x\,dx=0$．

問 2　$\int_0^1(5x^2-2x)\,dx=5\int_0^1 x^2\,dx-2\int_0^1 x\,dx=\frac{5}{3}-\frac{2}{2}=\frac{2}{3}$

第 20 講

問 1　$x^2-6x+5=(x-1)(x-5)$

$$\begin{aligned}&\int(x^2-6x+5)dx\\ &=\frac{x^3}{3}-\frac{6}{2}x^2+5x+C\end{aligned}$$

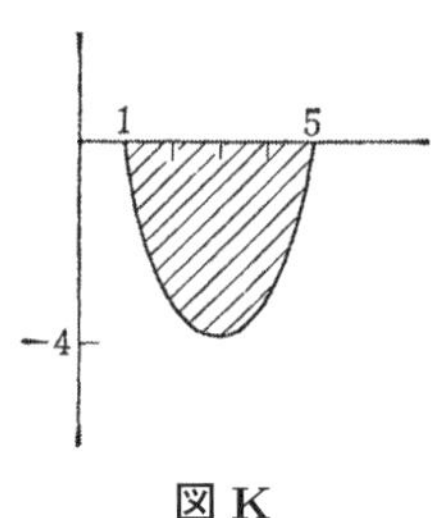

図 K

したがって

$$\begin{aligned}\int_1^5\left(x^2-6x+5\right)dx &= \left.\frac{x^3}{3}-3x^2+5x\right|_1^5\\ &=\left(\frac{125}{3}-3\times 25+25\right)-\left(\frac{1}{3}-3+5\right)\\ &=-\frac{32}{3}\end{aligned}$$

したがって求める面積は $\dfrac{32}{3}$

問 2

$$\int_0^1 \{(e-1)x-(e^x-1)\}\,dx$$
$$=\left\{(e-1)\frac{x^2}{2}-(e^x-x)\right\}\Big|_0^1$$
$$=(e-1)\frac{1}{2}-(e-1)+1$$
$$=\frac{3}{2}-\frac{1}{2}e$$

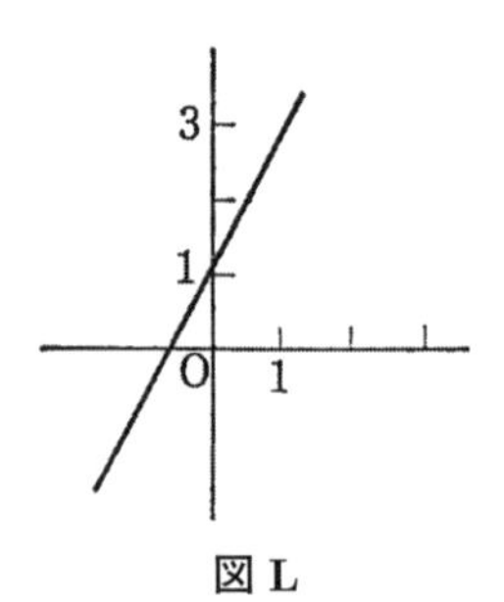

図 L

問 3　グラフの対称性から，求める面積 S は

$$S=2\int_0^{\frac{\pi}{4}}\sin x\,dx=2(-\cos x)\Big|_0^{\frac{\pi}{4}}=2\times\left(1-\frac{\sqrt{2}}{2}\right)=2-\sqrt{2}$$

第 22 講

問 1

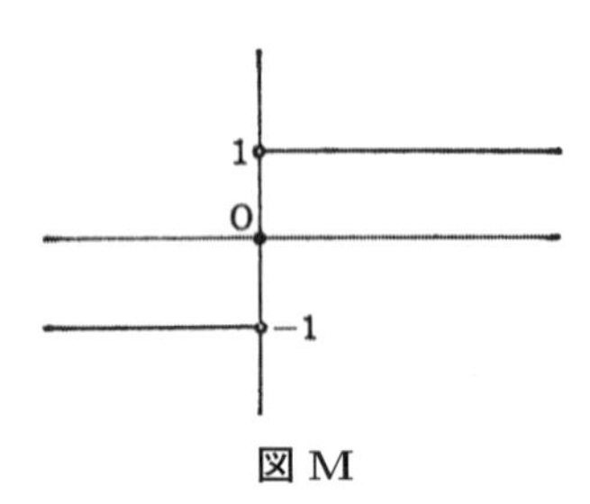

図 M

問 2

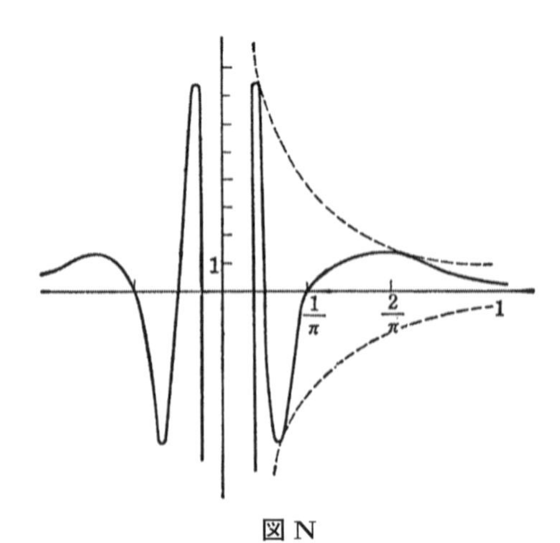

図 N

第 24 講

問 1　$f(x)$，$g(x)$ が連続関数であるということは，各点 $x=a$ で

$$\lim_{x\to a} f(x) = f(a), \quad \lim_{x\to a} g(x) = g(a)$$

が成り立つことであり，したがって，公式 (I) から

$$\begin{aligned}\lim_{x\to a}\{f(x)+g(x)\} &= \lim_{x\to a} f(x) + \lim_{x\to a} g(x) \\ &= f(a)+g(a)\end{aligned}$$

となる．この式は $f+g$ が連続関数であることを示している．

同様にして，公式 (III) から，$f\cdot g$ が連続関数となることがわかる．

問 2　$b=f(a)$ とおく．$\varepsilon>0$ が与えられたとき，g の b における連続性から

$$|y-b|<\delta_1 \Longrightarrow |g(y)-g(b)|<\varepsilon \tag{1}$$

となるような正数 δ_1 が存在する．この δ_1 に対して f の a における連続性から

$$|x-a|<\delta \Longrightarrow |f(x)-f(a)|<\delta_1$$

となるような正数 δ が存在する．したがって (1) から

$$|x-a|<\delta \Longrightarrow |g(f(x))-g(f(a))|<\varepsilon$$

となる．この式は，合成関数 $g\circ f$ が $x=a$ で連続のことを示している．a は任意でよかったから，$g\circ f$ は連続関数である．

第 26 講

問 1　$f(x) = 3x^4-16x^3+18x^2+7$

$f'(x) = 12x(x-1)(x-3)$

$f''(x) = 12\,(3x^2-8x+3)$

$f'(x)=0$ となる x は 0, 1, 3； $f''(0)>0$，$f''(1)<0$，$f''(3)>0$．したがって $f(x)$ は $x=0$ と 3 で極小値，$x=1$ で極大値をとる．

極小値：　$f(0)=7$，　$f(3)=-20$

極大値：　$f(1)=12$.

索　　引

タ　行

ナ　行

ハ　行

マ　行

ヤ　行

ラ　行

著者略歴

志賀浩二（しが こうじ）

1930年　新潟県に生まれる
1955年　東京大学大学院数物系数学科修士課程修了
　　　　東京工業大学理学部教授，桐蔭横浜大学工学部教授などを歴任
　　　　東京工業大学名誉教授，理学博士
2024年　逝去
受　賞　第1回日本数学会出版賞
著　書　「数学30講シリーズ」（全10巻，朝倉書店），
　　　　「数学が生まれる物語」（全6巻，岩波書店），
　　　　「中高一貫数学コース」（全11巻，岩波書店），
　　　　「大人のための数学」（全7巻，紀伊國屋書店）など多数

数学30講シリーズ1

新装改版 微分・積分30講

定価はカバーに表示

1988年3月20日　初　版第1刷
2021年8月25日　　　第30刷
2024年9月1日　新装改版第1刷

著　者　志　賀　浩　二
発行者　朝　倉　誠　造
発行所　株式会社　朝　倉　書　店

東京都新宿区新小川町6-29
郵便番号　162-8707
電　話　03(3260)0141
F A X　03(3260)0180
https://www.asakura.co.jp

〈検印省略〉

中央印刷・渡辺製本

ISBN 978-4-254-11881-0 C3341

Printed in Japan